HITE 6.0 软件开发与应用工程师

工信部国家级计算机人才评定体系

使用 jQuery 优化
Web 页面

武汉厚溥教育科技有限公司　编著

清华大学出版社

北　京

内容简介

本书按照高等院校、高职高专计算机课程基本要求，以案例驱动的形式组织内容，突出计算机课程的实践性特点。本书共包括 10 个单元：认识 jQuery、jQuery 选择器、jQuery 的事件、jQuery 操作 DOM、jQuery 的动画、AJAX 简介、jQuery AJAX 的应用、jQuery 对表格表单的应用、jQuery 插件的介绍、jQuery 移动端开发。

本书内容安排合理，层次清楚，通俗易懂，实例丰富，突出理论与实践的结合，可作为各类高等院校、高职高专及培训机构的教材，也可供广大网站开发人员参考。

本书封面贴有清华大学出版社防伪标签，无标签者不得销售。

版权所有，侵权必究。举报：010-62782989，beiqinquan@tup.tsinghua.edu.cn。

图书在版编目(CIP)数据

使用 jQuery 优化 Web 页面 / 武汉厚溥教育科技有限公司 编著. —北京：清华大学出版社，2020.8
（2023.9重印）

(HITE 6.0 软件开发与应用工程师)

ISBN 978-7-302-54625-2

Ⅰ. ①使… Ⅱ. ①武… Ⅲ. ①JAVA 语言—程序设计 Ⅳ. ①TP312.8

中国版本图书馆 CIP 数据核字(2019)第 292714 号

责任编辑：刘金喜
封面设计：王　晨
版式设计：思创景点
责任校对：马遥遥
责任印制：宋　林

出版发行：清华大学出版社
　　网　　址：http://www.tup.com.cn，http://www.wqbook.com
　　地　　址：北京清华大学学研大厦 A 座　　　　　　邮　　编：100084
　　社 总 机：010-83470000　　　　　　　　　　　　邮　　购：010-62786544
　　投稿与读者服务：010-62776969，c-service@tup.tsinghua.edu.cn
　　质 量 反 馈：010-62772015，zhiliang@tup.tsinghua.edu.cn
印 装 者：天津鑫丰华印务有限公司
经　　销：全国新华书店
开　　本：185mm×260mm　　印　　张：15.5　　字　　数：349 千字
版　　次：2020 年 8 月第 1 版　　印　　次：2023 年 9 月第 5 次印刷
定　　价：79.00 元

产品编号：084821-02

编委会

主　任：

翁高飞　杜　恒

副主任：

张卫婷　郭长庚　席红旗　张军锋

委　员：

屈　毅　赵小华　师　哲　魏　迎
唐　菲　李凌霄　张青青　梁　镇
黄　玮　张烈超

主　审：

李　鲲　张江城

前言

　　jQuery 是继 Prototype 之后又一个优秀的 JavaScript 框架。它是轻量级的 JS 库，不仅兼容 CSS3，还兼容各种浏览器(如 IE 6.0+、FF 1.5+、Safari 2.0+、Opera 9.0+等)，但 jQuery 2.0 及后续版本将不再支持 IE 6.0/7.0/8.0 浏览器。jQuery 使用户能够更方便地处理 HTML(标准通用标记语言下的一个应用)、events，实现动画效果，并且方便地为网站提供 AJAX 交互。jQuery 还有一个比较大的优势是，它的文档说明很全，而且各种应用也介绍得很详细，同时还有许多成熟的插件可供选择。jQuery 能够使用户的 HTML 页面保持代码和 HTML 内容分离，也就是说，不用再在 HTML 里插入大量 JS 代码来调用命令了，只需定义 ID 即可。

　　本书是"工信部国家级计算机人才评定体系"中的一本专业教材。"工信部国家级计算机人才评定体系"是由武汉厚溥教育科技有限公司开发，以培养符合企业需求的软件工程师为目标的 IT 职业教育体系。在开发该体系之前，我们对 IT 行业的岗位序列做了充分的调研，包括研究从业人员技术方向、项目经验和职业素质等方面的需求，通过对所面向学生的特点、行业需求的现状及实施等方面的详细分析，结合我公司对软件人才培养模式的认知，按照软件专业总体定位要求，进行软件专业产品课程体系设计。该体系集应用软件知识和多领域的实践项目于一体，着重培养学生的熟练度、规范性、集成和项目能力，从而达到预定的培养目标。

　　本书共包括 10 个单元：认识 jQuery、jQuery 选择器、jQuery 的事件、jQuery 操作 DOM、jQuery 的动画、AJAX 简介、jQuery AJAX 的应用、jQuery 对表格表单的应用、jQuery 插件的介绍、jQuery 移动端开发。

　　我们对本书的编写体系做了精心的设计，按照"理论学习—知识总结—上机操作—课后习题"这一思路进行编排。"理论学习"部分描述通过案例要达到的学习目标与涉及的相关知识点，使学习目标更加明确；"知识总结"部分概括案例所涉及的知识点，使知识点完整系统地呈现；"上机操作"部分对案例进行了详尽分析，通过完整的步骤帮助读者快速掌握该案例的操作方法；"课后习题"部分帮助读者理解章节的知识点。

本书在内容编写方面，力求细致全面；在文字叙述方面，注意言简意赅、重点突出；在案例选取方面，强调案例的针对性和实用性。

本书凝聚了编者多年来的教学经验和成果，可作为各类高等院校、高职高专及培训机构的教材，也可供广大程序设计人员参考。

本书由武汉厚溥教育科技有限公司编著，由翁高飞、杜恒、李鲲、张江城等多名老师参与编写。本书编者长期从事项目开发和教学实施，并且对当前高校的教学情况非常熟悉，在编写过程中充分考虑不同学生的特点和需求，加强了项目实战方面的教学。在本书的编写过程中，得到了武汉厚溥教育科技有限公司各级领导的大力支持，在此对他们表示衷心的感谢。

参与本书编写的人员还有：河南工业职业技术学院杜恒，湖北三峡职业技术学院张江城，许昌职业技术学院郭长庚，黔东南民族职业技术学院唐菲、李凌霄，咸阳职业技术学院屈毅、赵小华、师哲、魏迎、张青青，广西科技职业学院梁镇，武汉交通职业学院黄玮、张烈超，河南财政金融学院席红旗，河南水利与环境职业学院张军锋等。

限于编写时间和编者的水平，书中难免存在不足之处，希望广大读者批评指正。

服务邮箱：476371891@qq.com。

编　者

2020 年 1 月

目 录

单元 一

认识 jQuery

课程目标

▶ 了解 jQuery 框架特点

▶ 了解 jQuery 常用开发工具

▶ 掌握 jQuery 的写法 $符号

 **简 介**

　　JavaScript 曾经长期被严谨的 Web 开发者当作"玩具"语言，然而在过去数年间，随着人们对富因特网应用和 AJAX 技术重新燃起兴趣，JavaScript 重获威望，这门语言不得不快速成长，因为客户端开发者已经抛弃剪切和粘贴 JavaScript 的方式，转而采用方便快捷、功能完备的 JavaScript 库。这些库彻底地解决了跨浏览器的难题，并提供新颖的、改进了的 Web 开发方式。

　　作为 JavaScript 库世界的后来者，jQuery 狂风般横扫 Web 开发社区，很快赢得 MSNBC 等大网站，以及颇受关注的开源项目 SourceForge、TracedDrupal 的支持。

　　与其他着重关注 JavaScript 灵活技巧的工具包相比，jQuery 力求改变 Web 开发者在创建页面的富功能时的思维方式。与其花时间研究 JavaScript 高级复杂的技巧，设计者不如充分利用自己现有的 CSS(Cascading Style Sheet，层叠样式表)、XHTML (Extensible Hypertext Markup Language,可扩展超文本标记语言)及普通 JavaScript 的知识，去直接操作页面元素，实现更快的开发。

　　在本书中，我们将要深入考察 jQuery。我们先来看一看 jQuery 究竟给页面开发的"盛宴"带来了什么吧。

1.1　jQuery 简介

　　jQuery 是继 Prototype 之后又一个优秀的 JavaScript 库,是由 John Resig 创建于 2006 年 1 月的一个开源项目。现在的 jQuery 团队主要包括核心库、UI 和插件等开发人员及推广和网站设计维护人员。团队中有 3 个核心人物：John Resig、Brandon Aaron 和 Jorn Zaefferer。

　　jQuery 凭借简洁的语法和跨平台的兼容性，极大地简化了 JavaScript 开发人员遍历 HTML 文档、操作 DOM、处理事件、执行动画和开发 AJAX 的操作。其独特而又优雅的代码风格改变了 JavaScript 程序员的设计思路和编写程序的方式。总之，无论是网页设计师、后台开发者、业余爱好者还是项目管理者，也无论是 JavaScript 初学者还是 JavaScript 高手，都有足够多的理由去学习 jQuery。

1.2　jQuery 的优势

　　jQuery 强调的理念是写得少、做得多(write less，do more)。jQuery 独特的选择器、链式的 DOM 操作、事件处理机制和封装完善的 AJAX 都是其他 JavaScript 库望尘莫及的。概括起来，jQuery 有以下优势。

1. 轻量级

jQuery 非常轻巧，1.5 版本之后采用 UglifyJS (https://github.com/yuanyan/UglifyJS-java) 压缩后，库文件变得更小。目前的 1.6.2 版本，未压缩之前有 231KB，压缩之后只有 90KB，如果服务器开启了 gzip 压缩，还能进一步压缩文件，使传输更轻松。

2. 强大的选择器

jQuery 允许开发者使用从 CSSl 到 CSS3 几乎所有的选择器，以及 jQuery 独创的高级而复杂的选择器。另外，还可以加入插件使其支持 XPath 选择器，甚至开发者可以编写属于自己的选择器。由于 jQuery 支持选择器这一特性，所以有一定 CSS 经验的开发人员可以很容易地切入 jQuery 的学习中。本单元后面将详细讲解 jQuery 中强大的选择器。目前 jQuery 的版本也包含了开源选择器 Sizzle.js(http://sizzlejs.com/)。

3. 出色的 DOM 操作的封装

jQuery 封装了大量常用的 DOM 操作，使开发者在编写 DOM 操作相关程序时能够得心应手。jQuery 能够轻松地完成各种原本非常复杂的操作，让 JavaScript 新手也能写出出色的程序。单元四将重点介绍 jQuery 中的 DOM 操作。

4. 可靠的事件处理机制

jQuery 的事件处理机制吸收了 JavaScript 专家 Dean Edwards 编写的事件处理方法的精华，使得 jQuery 在处理事件绑定的时候相当可靠。在预留退路、循序渐进及非入侵式编程思想方面，jQuery 也做得非常好。单元三将重点介绍 jQuery 中的事件处理。

5. 完善的 AJAX

jQuery 将所有的 AJAX 操作封装到一个方法 $.AJAX()里，使得开发者处理 AJAX 时能够专心处理业务逻辑而无须关心复杂的浏览器兼容性及 XMLHttpRequest 对象的创建和使用的问题。单元五将重点介绍 jQuery 中的 AJAX 处理。

6. 不污染顶级变量

jQuery 只建立一个名为 jQuery 的对象，其所有的方法都在这个对象之下。其别名 $也可以随时交出控制权，绝对不会污染其他对象。该特性使 jQuery 可以与其他 JavaScript 库共存，在项目中放心地引用而不需要考虑到后期可能的冲突。

7. 出色的浏览器兼容性

作为一个流行的 JavaScript 库，浏览器的兼容性是必须具备的条件之一。jQuery 能够在 IE 6.0+、FF 2+、Safari 2.0+和 Opera 9.0+下正常运行。jQuery 同时修复了一些浏览器之间的差异，使开发者不必在开展项目前建立浏览器兼容库。

8. 链式操作方式

jQuery 中最有特色的莫过于它的链式操作方式——对发生在同一个 jQuery 对象

上的一组动作，可以直接连写而无须重复获取对象。这一特点使 jQuery 的代码无比优雅。

9. 隐式迭代

当用 jQuery 找到带有.myClass 类的全部元素，然后隐藏它们时，无须循环遍历每一个返回的元素。相反，jQuery 中的方法都被设计成自动操作对象集合，而不是单独的对象，这使得大量的循环结构变得不再必要，从而大幅地减少了代码量。

10. 行为层与结构层的分离

开发者可以使用 jQuery 选择器选中的元素，然后直接给元素添加事件。这种将行为层与结构层完全分离的思想，可以使 jQuery 开发人员和 HTML 或其他页面开发人员各司其职，摆脱过去开发冲突或个人单干的开发模式。同时，后期维护也非常方便，不需要在 HTML 代码中寻找某些方法和重复修改 HTML 代码。

11. 丰富的插件支持

jQuery 的易扩展性，吸引了来自全球的开发者编写 jQuery 的扩展插件。目前已经有超过几百种的官方插件支持，而且还不断有新插件面世。

12. 完善的文档

jQuery 的文档非常丰富，很多热爱 jQuery 的团队都在努力完善 jQuery 的中文文档，如 jQuery 的中文 API、图灵教育翻译的 *Learning jQuery* 等。

1.3 使用 jQuery 进行开发

了解 jQuery 能够提供的丰富特性之后，下面我们来看一看这个库的实际应用。

1.3.1 下载 jQuery

jQuery 官方网站(https://jquery.com/，见图 1-1)始终都包含与该库有关的最新代码和第一手资源。开始学习前，我们需要从官方网站下载一个 jQuery 库文件。官方网站在任何时候都会提供几种不同版本的 jQuery 库，但其中最适合开发的是该库最新的未压缩版(在正式发布的页面中，可以使用压缩版)。

使用 jQuery 库无须安装，只要把下载的库文件放到网站上的一个公共位置即可。因为 JavaScript 是一种解释型语言，所以使用它不必进行编译或者构建。无论什么时候，当我们想在某个页面上使用 jQuery 时，只需在相关的 HTML 文档中简单地引用该库文件的位置即可。

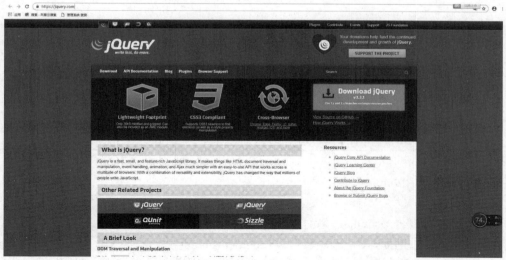

图 1-1

1.3.2 jQuery 各个版本

目前 jQuery 有 3 个版本，在 jQuery 官网(https://code.jquery.com/，如图 1-2 所示)可以查看。每个版本对应 compressed(压缩)和 uncompressed(未压缩)两个版本。未压缩版本为原版，体积大，有统一格式，方便阅读，常用于学习、开发和测试。压缩版本为精简版，去掉了格式，体积小，常用于发布。

图 1-2

表 1-1 列举了 3 个版本之间的区别，具体版本使用可根据需求调整，本书实例均为 1.12.4 版本。

表 1-1

版本	描述
1.x	兼容 IE 6.0/7.0/8.0，使用广泛，官方只做漏洞维护，功能不再新增。因此，一般项目使用 1.x 版本即可，最终版本为 1.12.4
2.x	不兼容 IE 6.0/7.0/8.0，很少人使用，官方只做漏洞维护，功能不再新增。如果不考虑兼容版本低的浏览器可以使用 2.x，最终版本为 2.2.4
3.x	不兼容 IE 6.0/7.0/8.0，只支持最新的浏览器。除非特殊要求，否则一般不使用 3.x 版本，很多老的 jQuery 插件不支持该版本。目前该版本是官方主要更新维护的版本。截至 2018 年 6 月 13 日，最新版本为 3.3.1

1.3.3 实例 1

在开始编写第一个 jQuery 程序之前，首先必须要明确一点，在 jQuery 库中，$就是 jQuery 的简称，例如，在示例中看到$(document).read()，实际上等于 jQuery(document).read(); $.ajax()就等同于 jQuery.ajax()。如果没有特别说明，程序中$就等价于 jQuery。

下面我们来完成一个很简单的例子，首先在本单元源码目录 chapter01 中建立一个名为 scripts 的目录，将下载的 jquery-1.12.4.js 放到 scripts 目录中，见示例 1.1，效果如图 1-3 所示。

示例 1.1：

```html
<!DOCTYPE html>
<html>
    <head>
        <meta charset="UTF-8">
        <title></title>
        <script src="scripts/jquery-1.12.4.js"></script>
        <script type="text/javascript">
            $(document).ready(function() {
                window.alert("Hello jQuery!");
            });
        </script>
    </head>
    <body>
    </body>
</html>
```

$(document).ready()方法是一个入口函数，相当于 js 中的 window.onload()方法。$(document).ready()方法在一个页面中可以出现多次，且不会被覆盖，而 js 中的 window.onload()方法只能写一个，若是写多个，后面的就会将前面的覆盖掉。js 中的 window.onload()方法必须等待网页中的所有 dom 元素加载完成后才执行(包括图片)，而$(document).ready()是当所有 dom 结构加载完成后就执行，但 dom 元素关联的东西可能并未加载完成。$(document).ready(function(){})可以简写成$(function(){});$()，即 jQuery 对象。

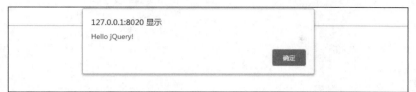

图 1-3

1.3.4 实例 2

下面我们再来看一个稍微复杂点的例子，代码如示例 1.2 所示，演示效果见图 1-4。

图 1-4

示例 **1.2**：

```
<!DOCTYPE html>
<html>
    <head>
        <meta charset="UTF-8">
        <title>Demo01</title>
        <style type="text/css">
            .animate {
                margin: 10px;
                background-color: #FFF184;
                width: 200px;
                height: 100px;
            }
        </style>
        <script src="scripts/jquery-1.6.2.js"></script>
        <script type="text/javascript">
            $(document).ready(function() {
                $(".animate").click(function() {
                    $(this).hide("slow");
```

```
                });
            });
        </script>
    </head>
    <body>
        <div class="animate">
            动画
        </div>
        <div class="animate">
            动画
        </div>
    </body>
</html>
```

这个例子在页面上定义了 2 个层，单击层会让层消失，选择元素使用了 jQuery 选择器，$(".animate")表示选中所有 class 为 animate 的元素。

例子中单击使用了 jQuery 事件，.click(function)表示单击时会执行中间的方法，该方法可以多次添加。

例子中消失的动画效果是 jQuery 提供的默认动画效果。.hide("slow")表示慢速隐藏。

1.4 解决 jQuery 和其他库的冲突

在 jQuery 库中，几乎所有的插件都被限制在它的命名空间里，通常，全局对象都被很好地存在 jQuery 命名空间里，因此当把 jQuery 和其他 JavaScript 库一起使用时，不会引起冲突。

在默认情况下，$符号可以作为 jQuery 的简写，但若与不是 jQuery 的其他插件使用，而别的插件也使用了$，那么我们可以调用 jQuery.noConflict()函数将$的控制权移交给 JavaScript 的其他库。代码见示例 1.3，结果见图 1-5。

示例 1.3：

```
<!DOCTYPE html>
<html>
    <head>
        <meta charset="UTF-8">
        <title>示例 1.3</title>
    </head>
    <body>
        <script type="text/javascript" src="scripts/jquery-1.12.4.js"></script>
        <script type="text/javascript">
            var $="hello";
            //释放$,将$移交给上面所定义的$.
            jQuery.noConflict();
```

```
            //此刻$就代表 hello 字符串
            alert($)
        </script>
    </body>
</html>
```

图 1-5

此外，还有另一种选择，如果想确保 jQuery 不会与其他库冲突，但又想要一个快捷方式，可以自己设置一个快捷方式，代码见示例 1.4，效果见图 1-6。

示例 1.4：

```
<!DOCTYPE html>
<html>
    <head>
        <meta charset="UTF-8">
        <title>Demo06</title>
        <script src="scripts/jquery-1.12.4.js"></script>
        <script type="text/javascript">
        //释放$，同时设置 jQ 为 jQuery 的简写
            var jQ = jQuery.noConflict();
            //此刻 jQ 就代表 jQuery
            jQ(function() {
                alert("hello jQuery")
            })
        </script>
    </head>
    <body>
    </body>
</html>
```

图 1-6

1.5 支持 jQuery 的开发工具

"工欲善其事，必先利其器。"挑选一款合适的开发工具，能够大大提高工作效率。

1.5.1 记事本及增强型的记事本

jQuery 是对 JavaScript 的封装，任何文本型的编辑器都可以编辑 jQuery 的代码，不过编写的难度比较高，需要对 jQuery 的 API 非常熟悉。

1.5.2 Dreamweaver

要想让 Dreamweaver 支持 jQuery 代码自动提示，需要安装一个扩展，扩展的下载地址为 http://xtnd.us/files/jQuery_API.mxp，在 Dreamweaver 中选中命令菜单，扩展管理，会出现如图 1-7 所示的界面。

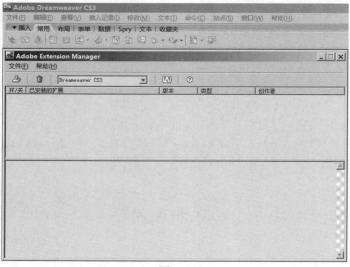

图 1-7

选择文件菜单，安装扩展，选择刚才下载的 jQuery_API.mxp 文件。
安装完毕后，界面中出现了 jQuery 的扩展，见图 1-8。

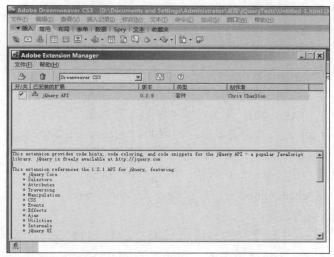

图 1-8

现在再写 JavaScript 时，就会出现 jQuery 代码提示。

1.5.3 Visual Studio

Visual Studio 2008(以下简称 VS 2008)支持 jQuery，经过设置之后，可以做到 jQuery
代码提示，但设置步骤稍微复杂一点儿，如果有条件，最好是选择 VS 2010，见图 1-9。

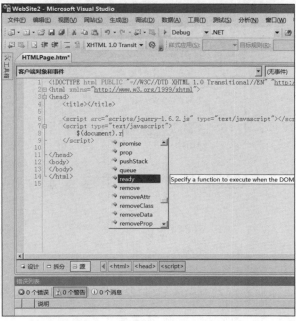

图 1-9

(1) VS 2008 需要安装一个补丁，来支持 vsdoc.js 的文档文件，VS 2010 则不需要安装。补丁文件名为 VS90SP1-KB958502-x86.exe，可以到 http://archive.msdn.microsoft.com/KB958502/Release/ProjectReleases.aspx?ReleaseId=1736 下载补丁并安装。安装之后，VS 2008 就可以支持 vsdoc.js 为后缀的文档文件。

(2) 下载对应版本的 vsdoc.js 文件，可以到微软的 AJAX 库主页上下载，地址是 http://www.asp.net/AJAXlibrary/cdn.ashx。其中，1.3.2 版和 1.5 版是可以直接使用的，使用时，将 vsdoc.js 文件和 jquery.js 文件放到同一个目录中，保证文件名一致。例如，jquery 的文件名为 jquery-1.5.js，那么 vsdoc.js 的文件名就应为 jquery-1.5-vsdoc.js。如果要使用最新版本的 jquery，如 1.6.2 版，则需要对 jquery-1.6.2-vsdoc.js 文件做一定的修改，修改时，可以与原来的文件进行对比，例如：

- 1527 行 将 "triggered": } 改为 "triggered": false }
- 2674 行 将"checkClone":, 改为 "checkClone": true

再引入进来就可以进行提示了。

如果在引入之后，出现了警告，说明 vsdoc 文件有问题，需要找到对应的代码行，做相应的修改，然后再选择菜单中的"编辑"→IntelliSense，更新 Jscript IntelliSense，就可以重新加载 vsdoc 文件。如果再加入其他的 jQuery 库文件，也可能导致 vsdoc 报错，如在项目中加入了 jquery-ui，简单的解决办法是直接创建一个空白的文本文件，命名相应的 vsdoc 文件即可解决问题，恢复代码提示。

完成之后，解决方案的结构见图 1-10。

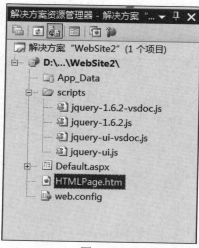

图 1-10

1.5.4　Aptana

Aptana 是一个非常强大、开源、专注于 JavaScript 的 AJAX 开发 IDE。它的特性包括如下几项。

- 支持 JavaScript、HTML、CSS 代码提示，包括 JavaScript 自定方法。
- 代码语法错误提示。
- 支持 Aptana UI 自定义和扩展。
- 支持跨平台。
- 支持 FTP/SFTP。
- 调试 JavaScript。
- 支持流行 AJAX 框架的 Code Assist 功能：AFLAX、Dojo、JQuery、MochiKit、Prototype、Rico、script.aculo.us、Yahoo UI、Ext。

Aptana 是基于 Eclipse 的，下面我们看一看怎么让 Aptana 支持 jQuery。Aptana 下载有两种方式，一种是安装版，一种是 Eclipse 插件版，如果需要在现有的 Java EE 版 Eclipse 平台上安装，需要选择 Eclipse 插件版，选择"帮助"菜单，安装新软件，输入 Aptana2 的更新网站地址 http://download.aptana.com/tools/studio/plugin/install/studio，然后选择增加站点，再选中 Aptana Studio 进行更新即可。更新完毕后，重新启动 Eclipse，会出现 My Studio 选项卡，该选项卡也可以通过窗口菜单 My Studio 选出来，内容见图 1-11。

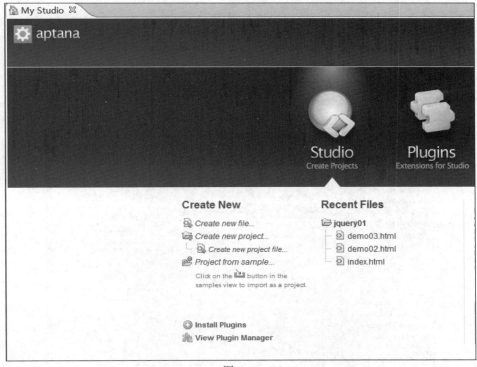

图 1-11

选择安装插件 Ajax，出现如图 1-12 所示的界面。

单击 Get It，会出现所有 Aptana 支持的 JavaScript 库的安装选择，如图 1-13 所示。

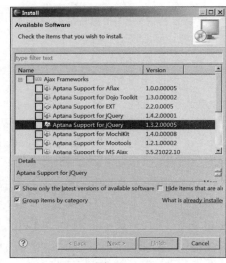

图 1-12   图 1-13

选择 jQuery 之后，逐次单击 Next 按钮，直到安装完成，Aptana 中的 jQuery 支持就安装好了，最后需要重启 Eclipse，以后再创建 Default Web Project 时就会出现库的选择界面，选择 jQuery1.3 后，就可以进行 jQuery 编码了。

1.5.5　MyEclipse

MyEclipse 8 已经自带了 jQuery 支持，需要在项目上右击选择项目属性，在节点菜单中依次单击 MyEclipse→JavaScript→Build Path，选择 Libraries 选项卡，出现如图 1-14 所示的界面。

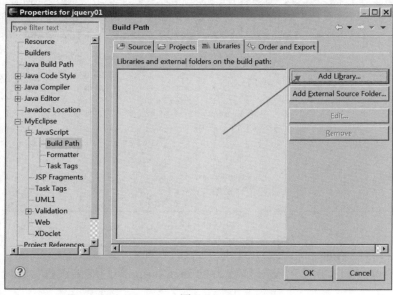

图 1-14

　　单击 Add Library→JavaScript Library，然后选中 jQuery，再单击 OK 按钮，即可进行 jQuery 编码，效果见图 1-15。

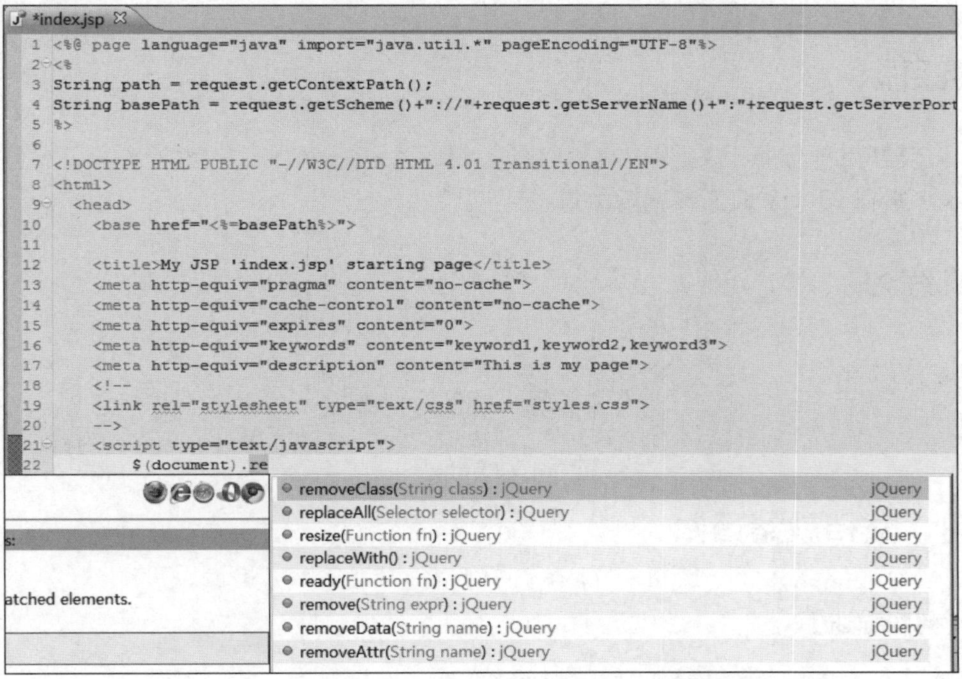

```
*index.jsp ⌧
 1  <%@ page language="java" import="java.util.*" pageEncoding="UTF-8"%>
 2  <%
 3  String path = request.getContextPath();
 4  String basePath = request.getScheme()+"://"+request.getServerName()+":"+request.getServerPort
 5  %>
 6
 7  <!DOCTYPE HTML PUBLIC "-//W3C//DTD HTML 4.01 Transitional//EN">
 8  <html>
 9    <head>
10      <base href="<%=basePath%>">
11
12      <title>My JSP 'index.jsp' starting page</title>
13      <meta http-equiv="pragma" content="no-cache">
14      <meta http-equiv="cache-control" content="no-cache">
15      <meta http-equiv="expires" content="0">
16      <meta http-equiv="keywords" content="keyword1,keyword2,keyword3">
17      <meta http-equiv="description" content="This is my page">
18      <!--
19      <link rel="stylesheet" type="text/css" href="styles.css">
20      -->
21      <script type="text/javascript">
22          $(document).re
```

● removeClass(String class) : jQuery	jQuery
● replaceAll(Selector selector) : jQuery	jQuery
● resize(Function fn) : jQuery	jQuery
● replaceWith() : jQuery	jQuery
● ready(Function fn) : jQuery	jQuery
● remove(String expr) : jQuery	jQuery
● removeData(String name) : jQuery	jQuery
● removeAttr(String name) : jQuery	jQuery

s:

atched elements.

图 1-15

【单元小结】

- jQuery 是一个 JavaScript 库。
- jQuery 极大地简化了 JavaScript 编程。
- jQuery 是一个"写得更少，但做得更多"的轻量级 JavaScript 库。
- jQuery 是为事件处理特别设计的。

【单元自测】

1. jQuery 有哪些好处？
2. 以下这段代码是否能够正确运行？如果不能，请改正。

```
<script type="text/javascript" >
    $(function{
         alert("a");
    });
</script>
```

【上机实战】

上机目标

- 理解$符号的含义。
- 掌握 jQuery 的文档就绪函数。

上机练习

◆ 第一阶段 ◆

练习：文档就绪函数

【问题描述】

单击一个按钮，然后弹出"你好!"。

【参考步骤】

(1) 在 Dreamweaver 中新建一个站点，然后创建一个 HTML 页面，并把 jQuery 文件放在该站点下，结果见图 1-16。

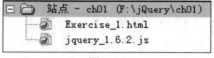

图 1-16

(2) 在 HTML 页面中添加一个 button 按钮，代码如下。

```
<input name="btnGo" id="btnGo" type="button" value="点我" />
```

(3) 把 jQuery 文件引入页面中，代码如下。

```
<script   type="text/javascript"   src="jquery_1.6.2.js"></script>
```

(4) 为按钮添加事件的处理程序，代码如下。

```
<script type="text/javascript">
$(document).ready(function()
{
    $("#btnGo").click(function()
```

```
    {
        alert("你点我了！");
    });
});
</script>
```

(5) 整个 HTML 页面代码如下。

```
<!DOCTYPE html>
<html >
<head>
<meta charset="UTF-8" />
<title>无标题文档</title>
<script type="text/javascript" src="script/jquery-1.12.4.js"></script>
<script type="text/javascript">
$(document).ready(function()
{
    $("#btnGo").click(function()
    {
        alert("你点我了！");
    });
});
</script>
</head>
<body>
<input name="btnGo" id="btnGo" type="button" value="点我" />
</body>
</html>
```

运行结果如图 1-17 所示。

图 1-17

◆ 第二阶段 ◆

练习：掌握文档就绪函数的多种写法

【问题描述】

一般情况下，文档就绪函数最常用的写法是：$(document).ready(function() {执行逻辑}。但其实 jQuery 提供了多种写法，我们通过上面的页面来介绍文档就绪函数的多种写法。

【参考步骤】

(1) 写法一：

```
$(document).ready(function()
{
    $("#btnGo").click(function()
    {
        alert("你点我了！");
    });
});
```

(2) 写法二：

```
$().ready(function()
{
    $("#btnGo").click(function()
    {
        alert("你点我了！");
    });
});
```

(3) 写法三：

```
$(function()
{
    $("#btnGo").click(function()
    {
        alert("你点我了！");
    });
});
```

【拓展作业】

1. 使用 jQuery 技术，在页面上输入用户名，单击"提交"按钮后页面上输出用户名。
2. 通过 jQuery 为按钮添加一个确认对话框。
3. 执行下面的语句：

```
$(document).ready(function(){
   $("#click").click(function(){
     alert("click one time");
   });
   $("#click").click(function(){
     alert("click two time");
   });
});
```

单击按钮<input type="button" id="click" value="单击我"/>，会有什么效果？（　　　）

A. 弹出一次对话框，显示 click one time

B. 弹出一次对话框，显示 click two time

C. 弹出两次对话框，依次显示 click one time，click two time

D. JS 编译错误

单元 二

jQuery 选择器

 课程目标

▶ 理解并掌握 CSS 选择器
▶ 理解并掌握 jQuery 选择器

 **简 介**

在页面上需要对一些页面元素进行操作，首先需要选择这些元素，以前我们在 JavaScript 中学习过选择的一些方法，例如：

- document.getElementById("id");
- document.getElementsByName("name");
- document.getElementsByTagName("tagName");
- document.formName.inputName

这些方法都是对页面元素进行选择，但都比较冗长，而且带有一些限制，例如，div 就不能用这些方式进行选择，也不能根据某个层的 class 属性进行选择。

jQuery提供的选择器主要是对元素选择方面进行改进，大大简化了选择元素的难度。

2.1 CSS 的常用选择器

在开始学习 jQuery 选择器之前，有必要简单介绍目前常用的 CSS(Cascading Style Sheets，层叠样式表)技术。CSS 是一项出色的技术，它使得网页的结构和表现样式完全分离。利用 CSS 选择器能轻松地对某个元素添加样式而不改动 HTML 结构，只需通过添加不同的 CSS 规则，就可以得到各种不同样式的网页。

要使某个样式应用于特定的 HTML 元素，首先需要找到该元素。在 CSS 中，执行这一任务的表现规则称为 CSS 选择器。学会使用 CSS 选择器是学习 CSS 的基础，它为在获取目标元素之后施加样式提供了极大的灵活性。常用的 CSS 选择器如表 2-1 所示。

表 2-1

选择器	语 法	介 绍	示 例
标签选择器	E1	以文档语言对象类型作为选择器	div{color:blue} 所有 div 中的文字设置为蓝色
通配选择器	*	选定文档目录树(DOM)中的所有类型的单一对象	*{font-size:12px} 所有文档中的文字设置为 12px
ID 选择器	#sID	以文档目录树(DOM)中作为对象的唯一标识符的 ID 作为选择	#username{border:1px solid black} id 为 username 的输入框，设置为黑色单线边框
类选择器	.className	在 HTML 中可以使用此种选择器	.button{background-color:gray} 所有带有 class="gray"的元素背景都设置成灰色

(续表)

选择器	语　法	介　绍	示　例
群组选择器	E1,E2,E3	将同样的定义应用于多个选择器，可以将选择器以逗号分隔的方式合并为组	.a,#b,div{font-size:9pt} 3个选择器能选中的元素字体都设置成9pt
包含选择器	E1, E2	选择所有被 E1 包含的 E2。即 E1.contains(E2)==true	.intro li{list-style:none} 带有 class="intro"的元素下面的所有的 li 元素项目符号去掉

上面所列的选择器被所有的主流浏览器支持，特别是目前在国内占浏览器市场大部分份额的 IE。jQuery 对上面的选择器完全支持，并且通过 jQuery 语法对选择器进行了扩展，对于一些 IE 不支持的选择器，jQuery 也通过脚本语法给予了支持。

2.2　jQuery 选择器

jQuery 从 1.3 版本开始的选择器已经由作者独立做了一个项目，叫作 Sizzle，与之前的版本相比，Sizzle 独立之后在元素处理方面得到了很大的提升。如果只需要做元素的选择，则不希望使用 jQuery，可以单独使用 Sizzle 选择器。

在 jQuery 中，无论使用哪种类型的选择器，都要从一个美元符号和一对圆括号开始：$()。所有能在样式表中使用的选择器，都能放到这个圆括号中的引号内。随后，就可以对匹配的元素集合应用 jQuery 方法。

$()方法可以不需要使用循环访问一组元素，因为放到圆括号中的任何元素都将自动执行循环遍历，并且会被保存到一个 jQuery 对象中。可以在$()方法的圆括号中使用的参数几乎没有什么限制。比较常用的一些例子如下。

- 类型名：$("div")会取得文档中所有的 div 元素。
- ID 名：$("loginForm")会取得文档中 ID 为 loginForm 的元素。
- 类：$(".hover")会取得文档中 class 属性包含 hover 的所有元素。

返回的元素集合称为包装集。

在介绍了基本的情况之后，下面我们就开始探索选择器的一些更强大的用途。

2.2.1　基础选择器

基础选择器如表 2-2 所示。

表 2-2

名　称	说　明	举　例
#id	根据元素 ID 选择	$("divId")选择 ID 为 div Id 的元素
element	根据元素的名称选择	$("a")选择所有
.class	根据元素的 CSS 类选择	$(".bgRed")选择所有 CSS 类为 bgRed 的元素

(续表)

名　称	说　明	举　例
*	选择所有元素	$("*")选择页面所有元素
selector1, selector2, selectorN	可以将几个选择器用","分隔开，然后再拼成一个选择器字符串。会同时选中这几个选择器匹配的内容	$("#divId, a, .bgRed")

2.2.2　层次选择器

层次选择器是针对 DOM 模型中的父子层次来进行选择，如表 2-3 所示。

表 2-3

名　称	说　明	举　例
ancestor descendant	使用"form input"的形式选中 form 中的所有 input 元素，即 ancestor(先辈)为 form，descendant(后代)为 input	$(".bgRed div")选择 CSS 类为 bgRed 的元素中的所有元素
parent > child	选择 parent 的直接子节点 child，child 必须包含在 parent 中并且父类是 parent 元素	$(".myList>li")选择 CSS 类为 myList 元素中的直接子节点中的 li 元素
prev + next	prev 和 next 是两个同级别的元素，选中在 prev 元素后面的 next 元素	$("#hibiscus+img")选在 ID 为 hibiscus 元素后面的 img 对象
prev ~ siblings	选择 prev 后面的根据 siblings(同辈)过滤的元素	$("#someDiv~[title]")选择 ID 为 someDiv 的对象后面所有带有 title 属性的元素

层次选择器中有两个选择器比较容易在开发中遇到问题，$("div ul")表示选择 div 下面的所有 ul 元素，包含直接下级子元素，而且子元素的子元素也包含在内；而 $("div>ul")则表示只选择 div 下面的直接下级 ul 子元素。

我们做一个简单的例子来验证一下，代码如示例 2.1 所示。

示例 2.1：

```
<html>
<head>
<script type="text/javascript"src="scripts/jquery-1.12.4.js"></script>
<script>
    $(document).ready(function(){
        window.alert($("#mydiv ul").length);
        window.alert($("#mydiv>ul").length);
    });
</script>
</head>

<body>
    <div id="mydiv">
        <ul>
```

```
                    <li>test
                        <ul>
                        </ul>
                    </li>
                </ul>
            </div>
        </body>
    </html>
```

运行该网页，可以看到先弹出来的对话框上显示的是 2，后弹出的对话框上显示的是 1，第一个选择器选取了 ul 和 ul 的子元素 ul，选择的数量是 2，而第二个只选取了 mydiv 下面的直接子元素 ul，选择的数量是 1。

2.2.3　基本过滤器

基本过滤器如表 2-4 所示。

表 2-4

名　称	说　明	举　例
:first	匹配找到的第一个元素	查找表格的第一行：$("tr:first")
:last	匹配找到的最后一个元素	查找表格的最后一行：$("tr:last")
:not(selector)	去除所有与给定选择器匹配的元素	查找所有未选中的 input 元素：$("input:not(:checked)")
:even	匹配所有索引值为偶数的元素，从 0 开始计数	查找表格的 1、3、5…行：$("tr:even")
:odd	匹配所有索引值为奇数的元素，从 0 开始计数	查找表格的 2、4、6…行：$("tr:odd")
:eq(index)	匹配一个给定索引值的元素，index 从 0 开始计数	查找第二行：$("tr:eq(1)")
:gt(index)	匹配所有大于给定索引值的元素，index 从 0 开始计数	查找第二第三行，即索引值是 1 和 2，也就是比 0 大：$("tr:gt(0)")
:lt(index)	选择结果集中索引小于 N 的 elements，index 从 0 开始计数	查找第一第二行，即索引值是 0 和 1，也就是比 2 小：$("tr:lt(2)")
:header	选择所有 h1,h2,h3 一类的 header 标签	给页面内所有标题加上背景色：$(":header").css("background", "#EEE");
:animated	匹配所有正在执行动画效果的元素	只有对不在执行动画效果的元素执行一个动画特效：$("#run").click(function(){ $("div:not(:animated)").animate({ left: "+=20" }, 1000); });

在基本过滤器里面:even 和:odd 可以用来处理表格的隔行变色，代码如示例 2.2 所示。

示例 2.2：

```html
<html>
<head>
<script type="text/javascript" src="scripts/jquery-1.12.4.js"></script>
<style type="text/css">
    .tableHeader{
        color:;
        background-color: #E9F1FE;
    }
    .even{
        background-color: #F7F7F7;
    }
    .odd{
        background-color: #E9F1FE;
    }
</style>
<script>
    $(document).ready(function(){
        $("table>thead>tr").addClass("tableHeader");
        $("table>tbody>tr:odd").addClass("odd");
        $("table>tbody>tr:even").addClass("even");
    });
</script>
</head>
<body>
    <table>
        <thead>
            <tr>
                <th>编号</th>
                <th>用户名</th>
                <th>电子邮件</th>
            </tr>
        </thead>
        <tbody>
            <tr>
                <td> </td>
                <td> </td>
                <td> </td>
            </tr>
            <tr>
                <td> </td>
```

```
                    <td> </td>
                    <td> </td>
                </tr>
            </tbody>
        </table>
    </body>
</html>
```

运行上面的例子，可以看到，表头通过选择器选中之后变成了蓝底白字，因为行编号从 0 开始计算，表格内容的第一行是偶数行，为黄色背景，第二行是奇数行，为绿色背景。后面学习了事件之后还可以对表格进行修改实现别的效果。

2.2.4　内容过滤器

内容过滤器如表 2-5 所示。

表 2-5

名　　称	说　　明	举　　例
:contains(text)	匹配包含给定文本的元素	查找所有包含 John 的 div 元素：$("div:contains('John')")
:empty	匹配所有不包含子元素或文本的空元素	查找所有不包含子元素或文本的空元素：$("td:empty")
:has(selector)	匹配含有选择器所匹配的元素的元素	给所有包含 p 元素的 div 元素添加一个 text 类：$("div:has(p)").addClass("test");
:parent	匹配含有子元素或文本的元素	查找所有含有子元素或文本的 td 元素：$("td:parent")

2.2.5　可见性过滤器

可见性过滤器如表 2-6 所示。

表 2-6

名　　称	说　　明	举　　例
:hidden	匹配所有的不可见元素	查找所有不可见的 tr 元素：$("tr:hidden")
:visible	匹配所有的可见元素	查找所有可见的 tr 元素：$("tr:visible")

2.2.6　属性过滤器

属性过滤器如表 2-7 所示。

表 2-7

名　称	说　明	举　例
[attribute]	匹配包含给定属性的元素	查找所有含有 id 属性的 div 元素： $("div[id]")
[attribute=value]	匹配给定的属性是某个特定值的元素	查找所有 name 属性是 newsletter 的 input 元素： $("input[name='newsletter']").attr("checked", true);
[attribute!=value]	匹配给定的属性是不包含某个特定值的元素	查找所有 name 属性不是 newsletter 的 input 元素： $("input[name!='newsletter']").attr("checked", true);
[attribute^=value]	匹配给定的属性是以某些值开始的元素	$("input[name^='news']")
[attribute$=value]	匹配给定的属性是以某些值结尾的元素	查找所有 name 以 letter 结尾的 input 元素： $("input[name$='letter']")
[attribute*=value]	匹配给定的属性是包含某些值的元素	查找所有 name 包含 man 的 input 元素： $("input[name*='man']")
[attributeFilter1] [attributeFilter2] [attributeFilterN]	复合属性选择器，需要同时满足多个条件时使用	找到所有含有 id 属性，并且它的 name 属性是以 man 结尾的： $("input[id][name$='man']")

2.2.7　表单选择器

表单选择器主要是对表单元素进行选择，需要注意的是，选择的不仅是 input 元素，还包括 textarea 和 select 元素，如表 2-8 所示。

表 2-8

名　称	说　明	解　释
:input	匹配所有 input, textarea, select 和 button 元素	查找所有的 input 元素，包括 textarea 和 select：$(":input")
:text	匹配所有的文本框	查找所有文本框：$(":text")
:password	匹配所有密码框	查找所有密码框：$(":password")
:radio	匹配所有单选按钮	查找所有单选按钮：$(":radio")
:checkbox	匹配所有复选框	查找所有复选框：$(":checkbox")
:submit	匹配所有提交按钮	查找所有提交按钮：$(":submit")
:image	匹配所有图像域	查找所有图像域：$(":image")
:reset	匹配所有重置按钮	查找所有重置按钮：$(":reset")
:button	匹配所有按钮	查找所有按钮：$(":button")
:file	匹配所有文件域	查找所有文件域：$(":file")

2.2.8　表单过滤器

表单过滤器(见表 2-9)主要是对表单元素进行过滤，对于选取的表单元素有比较大的帮助。

表 2-9

名　称	说　明	解　释
:enabled	匹配所有可用元素	查找所有可用的 input 元素： $("input:enabled")
:disabled	匹配所有不可用元素	查找所有不可用的 input 元素： $("input:disabled")
:checked	匹配所有选中的被选中元素(复选框、单选框等，不包括 select 中的 option)	查找所有选中的复选框元素： $("input:checked")
:selected	匹配所有选中的 option 元素	查找所有选中的选项元素： $("select option:selected")

【单元小结】

- 理解并掌握 CSS 选择器。
- 理解并掌握 jQuery 元素选择器。
- 理解并掌握 jQuery 属性选择器。

【单元自测】

1. $('form input'), $('form > input'), $('form + input'), $('form ~ input')分别返回代表哪些元素的 jQuery 数组？
2. 获取 form 中第二个 input 元素的方法有哪些？

【上机实战】

上机目标

- 掌握 jQuery 的元素选择器。
- 掌握 jQuery 的表单选择器。

上机练习

◆　第一阶段　◆

练习：使用 jQuery 选择器实现隔行变色

【问题描述】

通过 JavaScript 实现隔行变色较复杂，但通过 jQuery 实现隔行变色就很简单，此练习就是通过 jQuery 实现此功能。

运行的最终效果图如图 2-1 所示。

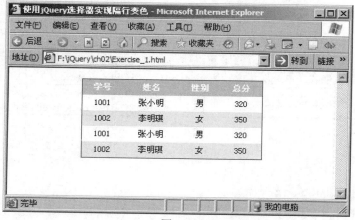

图 2-1

【参考步骤】

(1) 在 Dreamweaver 中新建一个站点，然后创建一个 HTML 页面，并把 jQuery 文件放在该站点下。结果如图 2-2 所示。

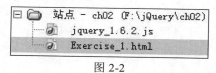

图 2-2

(2) 在 HTML 页面中添加如下 HTML 代码。

```
<table id="tbStu" cellpadding="0" cellspacing="0">
    <tbody>
        <tr>
            <th>
                学号
            </th>
            <th>
                姓名
            </th>
            <th>
                性别
            </th>
            <th>
                总分
            </th>
        </tr>
        <!--奇数行-->
```

```
        <tr>
            <td>
                1001
            </td>
            <td>
                张小明
            </td>
            <td>
                男
            </td>
            <td>
                320
            </td>
        </tr>
        <!--偶数行-->
        <tr>
            <td>
                1002
            </td>
            <td>
                李明琪
            </td>
            <td>
                女
            </td>
            <td>
                350
            </td>
        </tr>
        <!--奇数行-->
        <tr>
            <td>
                1001
            </td>
            <td>
                张小明
            </td>
            <td>
                男
            </td>
            <td>
                320
            </td>
        </tr>
        <!--偶数行-->
```

```
            <tr>
                <td>
                    1002
                </td>
                <td>
                    李明琪
                </td>
                <td>
                    女
                </td>
                <td>
                    350
                </td>
            </tr>
        </tbody>
    </table>
```

(3) 在 HTML 页面中添加如下 CSS 代码。

```css
<style type="text/css">
    body
    {
        font-size: 12px;
        text-align: center;
    }
    #tbStu
    {
        width: 260px;
        border: solid 1px #666;
        background-color: #eee;
    }
    #tbStu tr
    {
        line-height: 23px;
    }
    #tbStu tr th
    {
        background-color: #ccc;
        color: #fff;
    }
    #tbStu .trOdd
    {
        background-color: #fff;
    }
</style>
```

(4) 将 jQuery 文件引入页面中，代码如下。

```
<script   type="text/javascript"   src="jquery_1.12.4.js"></script>
```

(5) 在 HTML 页面中添加如下 jQuery 代码。

```
<script type="text/javascript">
    $(function() {
        $("#tbStu tr:nth-child(even)").addClass("trOdd");
    })
</script>
```

(6) 在 Dreamweaver 中按 F12 键运行此页，并查看其效果。

◆ 第二阶段 ◆

练习：通过 jQuery 实现导航菜单

【问题描述】

本示例的需求主要有以下两点。

(1) 在页面中创建一个导航条，单击标题时，可以伸缩导航条的内容，同时，标题中的提示图片也随之改变。

(2) 单击"简化"链接时，隐藏指定的内容，并将"简化"字样改变成"更多"，单击"更多"链接时，返回初始状态，并改变指定显示元素的背景色。

本示例运行效果如图 2-3 所示。

当单击"⌃"时，整个菜单都折叠起来，效果如图 2-4 所示。

当单击"简化"时，部分菜单折叠起来，效果如图 2-5 所示。

当单击"更多"时，整个菜单全部显示。

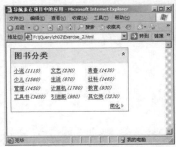

图 2-3

图 2-4

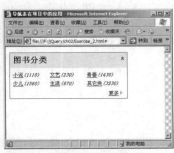

图 2-5

【参考步骤】

(1) 在 Dreamweaver 中新建一个站点，然后创建一个 HTML 页面，并把 jQuery 文件放在该站点下。结果如图 2-6 所示。

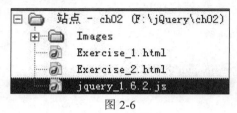

图 2-6

(2) 在 HTML 页面中添加如下 HTML 代码。

```html
<div id="divFrame">
  <div class="clsHead">
    <h3>图书分类</h3>
    <span><img src="Images/a2.gif" alt="" /></span> </div>
  <div class="clsContent">
    <ul>
      <li><a href="#">小说</a><i>(1110)</i></li>
      <li><a href="#">文艺</a><i>(230)</i></li>
      <li><a href="#">青春</a><i>(1430)</i></li>
      <li><a href="#">少儿</a><i>(1560)</i></li>
      <li><a href="#">生活</a><i>(870)</i></li>
      <li><a href="#">社科</a><i>(1460)</i></li>
      <li><a href="#">管理</a><i>(1450)</i></li>
      <li><a href="#">计算机</a><i>(1780)</i></li>
      <li><a href="#">教育</a><i>(930)</i></li>
      <li><a href="#">工具书</a><i>(3450)</i></li>
      <li><a href="#">引进版</a><i>(980)</i></li>
      <li><a href="#">其他类</a><i>(3230)</i></li>
    </ul>
    <div class="clsBot"><a href="#">简化</a><img src="Images/a5.gif" alt="" /></div>
  </div>
</div>
```

(3) 在 HTML 页面中添加如下 CSS 代码。

```css
<style>
    body
    {
        font-size: 13px;
    }
    #divFrame
```

```
{
    border: solid 1px #666;
    width: 301px;
    overflow: hidden;
}
#divFrame .clsHead
{
    background-color: #eee;
    padding: 8px;
    height: 18px;
    cursor: hand;
}
#divFrame .clsHead h3
{
    padding: 0px;
    margin: 0px;
    float: left;
}
#divFrame .clsHead span
{
    float: right;
    margin-top: 3px;
}
#divFrame .clsContent
{
    padding: 8px;
}
#divFrame .clsContent ul
{
    list-style-type: none;
    margin: 0px;
    padding: 0px;
}
#divFrame .clsContent ul li
{
    float: left;
    width: 95px;
    height: 23px;
    line-height: 23px;
}
#divFrame .clsBot
{
    float: right;
    padding-top: 5px;
    padding-bottom: 5px;
```

```
        }
        .GetFocus
        {
            background-color: #eee;
        }
    </style>
```

(4) 将 jQuery 文件引入页面中，代码如下。

```
<script   type="text/javascript"   src="jquery_1.12.4.js"></script>
```

(5) 在 HTML 页面中添加如下 jQuery 代码。

```
<script type="text/javascript">
    $(function() { //页面加载事件
        $(".clsHead").click(function() { //图片单击事件
            if($(".clsContent").is(":visible")) { //如果内容可见
                $(".clsHead span img").attr("src", "Images/a1.gif"); //改变图片
                $(".clsContent").css("display", "none"); //隐藏内容
            } else {
                $(".clsHead span img").attr("src", "Images/a2.gif"); //改变图片
                $(".clsContent").css("display", "block"); //显示内容
            }
        });

        $(".clsBot > a").click(function() { //热点链接单击事件
            if($(".clsBot > a").text() == "简化") { //如果内容为"简化"字样
                $("ul li:gt(4):not(:last)").hide(); //隐藏 index 号大于 4 且不是最后一项的元素
                $(".clsBot > a").text("更多"); //将字符内容更改为"更多"
            } else {
                $("ul li:gt(4):not(:last)").show().addClass("GetFocus"); //显示所选元素且
                                                           增加样式
                $(".clsBot > a").text("简化"); //将字符内容更改为"简化"
            }
        });
    });
</script>
```

(6) 在 Dreamweaver 中按 F12 键运行此页，并查看其效果。

【拓展作业】

1. 通过表单对象属性过滤选择器获取表单对象。
2. 通过 jQuery 选择器获取表格第四行的第二个单元格。

单元 三

jQuery 的事件

 **课程目标**

▶ 理解事件函数的使用原理
▶ 掌握常用的事件函数

 **简 介**

以前我们在写 JavaScript 事件代码时，一般使用以下两种方式。

(1) 行内方式，代码如下。

```
<input type="text" name="username" onchange="checkUsername(this.value)">
```

(2) 在脚本中为对象添加事件，例如，给上面的对象加上事件，代码如下。

```
<input type="text"   id="username" name="username">
<script type="text/javascript">
var username=document.getElementById("username");
username.onchange=function(){
alert(this.value);
}
</script>
```

使用 JavaScript 事件处理代码不是很方便，如一个事件只能绑定一个方法。在 JavaScript 中方法也是一个对象，上面代码中的 username.onchange=function()相当于将方法赋值给 onchange 事件，如果需要给这个事件加上一个已经存在的方法，需要对代码进行调整。

另外，JavaScript 在不同的浏览器上对于事件处理的代码是不一样的，要经过调整才能让一个方法同时支持 IE 和 Firefox 的事件，这样处理事件让代码中既包含了 hack 代码，也包含了本身的逻辑代码，十分不便。下面我们来看一个能在 IE 和 Firefox 中都能用的事件实例。代码如示例 3.1 所示。

示例 3.1：

```
<!DOCTYPE html>
<html>
<head>
<meta charset="UTF-8"/>
<title>Demo01</title>
</head>
<body>
<script type="text/javascript" src="script/jquery-1.12.4.js"></script>
<script type="text/javascript">
    window.onload=function(){
        document.onmousemove=function(e){
            if(e){
                event=e;
            }
document.getElementById("pos").innerHTML=event.clientX+":"+event.clientY;
```

```
        }
      }
</script>
<span id="pos">
</span>
</body>
</html>
```

上面的代码是在页面上显示出鼠标指针当前的位置，其中代码段 if(e){event=e;} 是 hack 代码，是用来调整浏览器差异的。

IE 中默认的事件对象就是 event，是不需要传递参数的，但 Firefox 中的事件是靠参数传递过来的，加了前面的代码段，就表示如果是在 Firefox 中，那么 e 对象是存在的，将 e 赋值给 event 对象，让 event 对象可以使用；如果是在 IE 中，那么 e 对象是不存在的，直接使用 event 即可。

jQuery 在事件处理上做了很多处理，jQuery 的事件处理不只是一个事件，而是一个队列，事件可以加很多个，而且 event 对象 jQuery 已经处理过了，我们在操作 event 对象时不用考虑浏览器差异。

3.1 页面加载事件

先看一看下面的代码：

```
$(document).ready(function(){
//页面加载之后的处理代码
});
```

在单元一中我们已经介绍过 ready()方法的使用，它是对 onload 事件的增强，通过使用该方法，可以在 DOM 载入就绪能够读取并操纵时立即调用所绑定的方法，而几乎所有的 JavaScript 方法都需要在那一刻执行。

如果使用了 ready()方法，就不能再使用 window.onload 事件了，因为再使用 onload 事件会导致前面使用 ready 注册的方法失效。

jQuery 在注册事件中使用的是队列，也就是说 ready()方法可以多次出现，在现代开发中非常有用。一般情况下我们会将页面分解为多个部分，如头部、导航、内容、页脚等，各个部分最后才进行组装。如果各个部分都有需要在页面加载完毕时执行的代码，那么使用 ready()方法注册就很方便了，ready()方法会按照注册的顺序去执行每一个注册的方法。

前面提到的$(document).ready()结构，实际上是在基于 document 的 DOM 元素构建而成的 jQuery 对象上调用了.ready()方法。因为这是一个常用方法，所以$()方法为我们提供了一种简写方式。当调用.ready()方法而不传递参数时，该方法的行为就像是传递 document 参数。也就是说，对于

```
$(document).ready(function(){
    //页面加载完毕执行的代码
});
```

可以简写成：

```
$().ready(function(){
    //页面加载完毕执行的代码
});
```

此外，这个工厂方法也可以接受另一个方法作为参数。此时，jQuery 会在内部执行一次对.ready()方法的隐含调用，因此，使用下面的代码也可以得到相同的结果。

```
$(function(){
    //页面加载完毕执行的代码
});
```

介绍简化写法只是为了以后能阅读这种简化的写法，不推荐大家在编码时使用简化的写法，虽然简化的写法更简单，但是会造成代码可读性降低，不便于团队开发。

3.2　简单事件

对于 JavaScript 中使用的事件，jQuery 都提供了支持，但是 jQuery 改变了绑定的方式，JavaScript 中的所有事件都是使用"on+事件名"的方式来进行设置的，在 jQuery 中提供了以下两种设置方式。

(1) 使用事件名来进行设置。代码如示例 3.2 所示。

示例 3.2：

```
<!DOCTYPE html>
<html>
<head>
<meta charset="UTF-8"/>
<title>Demo02</title>
</head>
<body>
<script src="scripts/jquery-1.12.4.js"></script>
<script type="text/javascript">
    window.onload=function(){
        $("#btn1").click(function(){
            window.alert("第 1 次绑定");
        });
```

```
            $("#btn1").click(function(){
                window.alert("第 2 次绑定");
            });
        }
    </script>
    <input type="button" id="btn1" value="事件测试按钮";
    </body>
</html>
```

在上面的代码中，通过选择器选择了包装集之后，两次使用了 click()方法绑定了一个方法，其中 click 也可以替换成其他的事件名，如 change、mousemove、mouseover 等。

执行的效果是，单击按钮后会依次弹出两个警告框。

(2) 使用 bind()方法也可以达到上面的效果，将上面的脚本代码换成如下代码。

```
window.onload=function(){
    $("#btn1").bind("click",function(){
        window.alert("第 1 次绑定");
    });
    $("#btn1").bind("click",function(){
        window.alert("第 2 次绑定");
    });
}
```

执行的效果一样，bind()方法的第一个参数是事件名，第二个参数是需要绑定到事件上的方法。

3.3 事件处理

jQuery 常用的事件处理方法有 5 个，分别是 bind、one、unbind、trigger、triggerHandler。

前面我们已经介绍了 bind()方法，该方法可以绑定事件，当 bind 绑定的事件名不属于 JavaScript 中的事件时，会将事件当作自定义事件处理。

bind 也可以一次性绑定多个事件，每个事件类型用空格分隔。代码如下。

```
$('#foo').bind('mouseover mouseout', function() {
    $(this).toggleClass('entered');
});
```

上面代码让一个<div id="foo">元素(初始情况下 class 没有设置成 entered)，当鼠标移进去的时候，在 class 中加上 entered，而当鼠标移出这个 div 的时候，则去除这个 class 值。

  one()方法与 bind()方法非常相似，只不过 one()方法的事件只能触发一次，触发之后，就从事件队列中移除了。

  与 bind 和 one 相反的方法是 unbind，是用来解除绑定的。unbind()方法的用法如下。

```
unbind([type], [fn]);
```

其中：type 是解除绑定的事件类型，一般情况下只需要用到这个就可以了；fn 是方法对象，如果一个事件类型中绑定了多个方法，则通过 fn 可以指定具体要解除哪个方法的绑定。

  trigger()方法触发被选元素上指定的事件及事件的默认行为(如表单提交)。如示例 3.3 所示，单击 btn 按钮，模拟触发表单 input 的 select 事件。结果如图 3-1 所示。

  示例 3.3：

```html
<!DOCTYPE html>
<html>
<head>
<meta charset="UTF-8">
<title>demo03</title>
<script src="scripts/jquery-1.12.4.js">
</script>
<script>
$(document).ready(function(){
    $("button").click(function(){
        $("input").trigger("select");
        $("input").after("文本已选中!");
    });
});
</script>
</head>
<body>
<form>
        <input type="text" value="Hello World">
        <br><br>
        <button>触发输入框的 select 事件</button>
</form>
</body>
</html>
```

图 3-1

triggerHandler()方法触发被选元素的指定事件类型，但不会执行浏览器默认动作，也不会产生事件冒泡。triggerHandler()方法与 trigger()方法比较，代码见示例 3.4，结果见图 3-2。

示例 3.4：

```
<!DOCTYPE html>
<html>
<head>
<meta charset="UTF-8">
<title>demo04</title>
<script src="scripts/jquery-1.12.4.js">
</script>
<script>
$(document).ready(function(){
  $("button").click(function(){
    $("input").triggerHandler("select");
    $("input").after("文本已选中!");
  });
});
</script>
</head>
<body>
<input type="text" value="Hello World">
<br><br>
<button>触发输入框的 select 事件</button>
</body>
</html>
```

图 3-2

从上面代码中可以看出，triggerHandler()方法未执行默认动作，input 文本框未高亮，但是却被选中。

实际上，triggerHandler()方法与 trigger()方法类似，不同之处有以下几点。

它不会引起事件(如表单提交)的默认行为。

trigger()方法会操作 jQuery 对象匹配的所有元素,而 triggerHandler()只影响第一个匹配元素。

由 triggerHandler()创建的事件不会在 DOM 树中冒泡；如果目标元素不直接处理它们，则不会发生任何事情。

该方法返回的是事件处理函数的返回值，而不是具有可链性的 jQuery 对象。此外，如果没有处理程序被触发，则该方法返回 undefined。

3.4 高级事件处理

高级事件主要包括 4 个方法：live()、die()、toggle()、off()。

live()方法从 jQuery1.7 开始已经过时,在 1.9 版本中被删除,建议用 on()方法替代。

die()方法从 jQuery1.7 开始已经过时，在 1.9 版本中被删除，建议使用 off()方法替代。

toggle()方法在 jQuery 版本 1.8 中被废弃，在版本 1.9 中被移除。toggle()方法添加两个或多个函数，以响应被选元素的 click 事件之间的切换。

off()方法通常用于移除通过 on()方法添加的事件处理程序。

自 jQuery 1.7 版起,off()方法是 unbind()、die()和 undelegate()方法的新的替代品。

off()方法简化了 jQuery 代码库，给 API 带来很多便利，如示例 3.5 所示。

示例 **3.5**：

```
<!DOCTYPE html>
<html>
<head>
<meta charset="UTF-8">
<title>demo5</title>
<script src="scripts/jquery-1.12.4.js">
</script>
<script>
$(document).ready(function(){
    $(".btn1").on("click",function(){
        alert("hello")
    });
    $(".btn2").click(function(){
      $(".btn1").off("click");
    });
});
</script>
</head>
<body>
<button class="btn1">单击我弹出'hello'</button>
<p>单击下面按钮再单击上面按钮(click 事件被移除)。</p>
<button class="btn2">移除  click  事件句柄</button>
</body>
</html>
```

上面介绍的都是一些基本的事件，下面介绍的是复合事件，是由基本事件组成的。

第一个事件是 hover 事件，主要用于处理鼠标进入组件和移出组件时调用的方法，很多页面都有类似的效果，jQuery 为了简化调用方式，将这个效果变成了单独的事件。hover 事件的语法如下。

```
hover(over,out);
```

其中，over 和 out 都是需要传递的方法，一个是鼠标指针移入组件时调用，一个是鼠标指针移出时调用，真正起作用的仍然是 mouseover 和 mouseout 事件。

hover 事件在很多地方都需要使用，如按钮的图片切换、表格行的高亮等。

下面我们对单元二中示例 2.2 表格的例子进行升级，加上表格的光棒效果，代码如示例 3.6 所示。

示例 3.6：

```
<html>
<head>
<script type="text/javascript" src="scripts/jquery-1.12.4.js"></script>
<style type="text/css">
    .tableHeader{
        color:;
```

```
                background-color: #E9F1FE;
        }
        .even{
                background-color: #F7F7F7;
        }
        .odd{
                background-color: #FFFFFF;
        }
        .hover{
                background-color: #71D2FF;
        }
    </style>
    <script>
        $(document).ready(function(){
            for(var i=0;i<20;i++){
                $("tbody").append("<tr><td> </td><td> </td><td> </td></tr>");
            }
            $("table>thead>tr").addClass("tableHeader");
            $("table>tbody>tr:odd").addClass("odd");
            $("table>tbody>tr:even").addClass("even");
            $("table>tbody>tr").hover(function(){
                $(this).toggleClass("hover");
            });
        });
    </script>
    </head>

    <body>
        <table cellspacing="0">
            <thead>
                <tr>
                    <th>编号</th>
                    <th>用户名</th>
                    <th>电子邮件</th>
                </tr>
            </thead>
            <tbody>

            </tbody>
        </table>
    </body>
</html>
```

【单元小结】

- 事件方法会触发匹配元素的事件，或者将函数绑定到所有匹配元素的某个事件。
- 文档就绪函数的使用。
- 常用事件函数的使用。

【单元自测】

1. 执行以下 jQuery 语句：

```
$('#btn').click(function(){ alert('click me'); });
$('#btn').click(function(){ alert('click me again.')});
```

单击这个 button 会有什么效果？

2. 有以下代码段，请写出为动态生成的元素绑定 click 事件的代码。

```
<script type="text/javascript">
        $(document).ready(function() {
            $("body").append("<div class='clickme'>新添加的元素</div>");
        });
</script>
```

【上机实战】

上机目标

掌握 jQuery 的事件处理机制。

上机练习

◆ 第一阶段 ◆

练习：实现选项卡的功能

【问题描述】

在互联网中，经常见到这样一种效果，就是当我们单击不同的卡片时，在该卡片中会呈现不同的内容，这种效果叫作选项卡功能。下面我们通过 jQuery 来实现选项卡功能，此示例运行效果如图 3-3 所示。

当单击"电器"时，效果如图 3-4 所示。

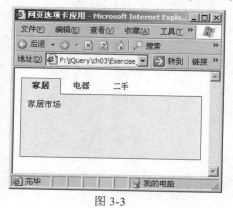

图 3-3

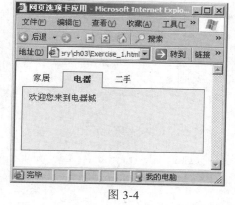

图 3-4

当单击"二手"时，出现效果如图 3-5 所示。

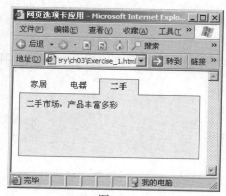

图 3-5

【参考步骤】

(1) 在 HTML 页面中添加如下 HTML 代码。

```html
<body>
    <ul id="menu">
        <li class="tabFocus">家居</li>
        <li>电器</li>
        <li>二手</li>
    </ul>
    <ul id="content">
        <li class="conFocus">家居市场</li>
        <li>欢迎您来到电器城</li>
        <li>二手市场，产品丰富多彩</li>
```

```
            </ul>
        </body>
```

(2) 在 HTML 页面中添加如下 CSS 代码。

```
<style type="text/css">
    body
    {
        font-size: 13px;
    }
    ul, li
    {
        margin: 0;
        padding: 0;
        list-style: none;
    }
    #menu li
    {
        text-align: center;
        float: left;
        padding: 5px;
        margin-right: 2px;
        width: 50px;
        cursor: pointer;
    }
    #menu li.tabFocus
    {
        width: 50px;
        font-weight: bold;
        background-color: #f3f2e7;
        border: solid 1px #666;
        border-bottom: 0;
        z-index: 100;
        position: relative;
    }
    #content
    {
        width: 260px;
        height: 80px;
        padding: 10px;
        background-color: #f3f2e7;
        clear: left;
        border: solid 1px #666;
        position: relative;
```

```
                    top: -1px;
        }
        #content li
        {
                display: none;
        }
        #content li.conFocus
        {
                display: block;
        }
</style>
```

(3) 将 jQuery 文件引入页面中，代码如下。

```
<script   type="text/javascript"   src=script/jquery-1.12.4.js"></script>
```

(4) 在 HTML 页面中添加如下 jQuery 代码。

```
<script type="text/javascript">
    $(function() {
        $("#menu li").each(function(index) { //带参数遍历各个选项卡
            $(this).click(function() { //注册每个选项卡的单击事件
                $("#menu li.tabFocus").removeClass("tabFocus"); //移除已选中的样式
                $(this).addClass("tabFocus"); //增加当前选中项的样式
                //显示选项卡对应的内容并隐藏未被选中的内容
                $("#content li:eq(" + index + ")").show()
                .siblings().hide();
            });
        });
    })
</script>
```

(5) 在 Dreamweaver 中按 F12 键运行此页，并查看其效果。

◆ 第二阶段 ◆

练习：列表中的导航菜单应用

【问题描述】

在现实中，一些程序经常用到导航菜单，现在我们通过 jQuery 来实现一个导航菜单。此示例运行效果如图 3-6 所示。

当我们把鼠标移动到每一项时，出现的效果如图3-7所示。

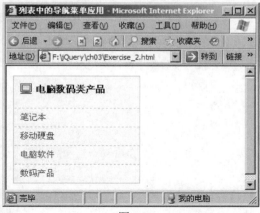

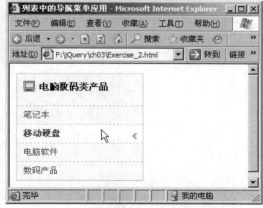

图 3-6   图 3-7

【参考步骤】

整个 HTML 页面代码如下。

```html
<!DOCTYPE    html>
<html >
<head>
    <meta charset="UTF-8"/>
     <title>列表中的导航菜单应用</title>
    <script type="text/javascript" src="script/jquery-1.12.4.js"></script>
    <style type="text/css">
        body
        {
            font-size: 13px;
        }
        ul, li
        {
            list-style-type: none;
            padding: 0px;
            margin: 0px;
        }
        .menu
        {
            width: 190px;
            border: solid 1px #E5D1A1;
            background-color: #FFFDD2;
        }
        .optn
        {
```

```
            width: 190px;
            line-height: 28px;
            border-top: dashed 1px #ccc;
        }
        .content
        {
            padding-top: 10px;
            clear: left;
        }
        a
        {
            text-decoration: none;
            color: #666;
            padding: 10px;
        }
        .optnFocus
        {
            background-color: #fff;
            font-weight: bold;
        }
        div
        {
            padding: 10px;
        }
        div img
        {
            float: left;
            padding-right: 6px;
        }
        span
        {
            padding-top: 3px;
            font-size: 14px;
            font-weight: bold;
            float: left;
        }
        .tip
        {
            width: 190px;
            border: solid 2px #ffa200;
            position: absolute;
            padding: 10px;
            background-color: #fff;
```

```
                display: none;
        }
        .tip li
        {
                line-height: 23px;
        }
        #sort
        {
                position: absolute;
                display: none;
        }
</style>
<script type="text/javascript">
    $(function() {
        var curY; //获取所选项的 Top 值
        var curH; //获取所选项的 Height 值
        var curW; //获取所选项的 Width 值
        var srtY; //设置提示箭头的 Top 值
        var srtX; //设置提示箭头的 Left 值
        var objL; //获取当前对象
        /*
        *设置当前位置数值
        *参数 obj 为当前对象名称
        */
        function setInitValue(obj) {
            curY = obj.offset().top
            curH = obj.height();
            curW = obj.width();
            srtY = curY + (curH / 2) + "px"; //设置提示箭头的 Top 值
            srtX = curW - 5 + "px"; //设置提示箭头的 Left 值
        }
        $(".optn").mouseover(function() {//设置当前所选项的鼠标滑过事件
            objL = $(this); //获取当前对象
            setInitValue(objL); //设置当前位置
            var allY = curY - curH + "px"; //设置提示框的 Top 值
            objL.addClass("optnFocus"); //增加获取焦点时的样式
            objL.next("ul").show().css({ "top": allY, "left": curW }) //显示并设置提示
                                                            框的坐标
            $("#sort").show().css({ "top": srtY, "left": srtX }); //显示并设置提示箭头
                                                            的坐标

        })
        .mouseout(function() {//设置当前所选项的鼠标移出事件
            $(this).removeClass("optnFocus"); //删除获取焦点时的样式
```

```
                    $(this).next("ul").hide(); //隐藏提示框
                    $("#sort").hide(); //隐藏提示箭头
            })
                $(".tip").mousemove(function() {
                    $(this).show(); //显示提示框
                    objL = $(this).prev("li"); //获取当前的上级 li 对象
                    setInitValue(objL); //设置当前位置
                    objL.addClass("optnFocus"); //增加上级 li 对象获取焦点时的样式
                    $("#sort").show().css({ "top": srtY, "left": srtX }); //显示并设置提示箭头
                                                                  的坐标
                })
            .mouseout(function() {
                    $(this).hide(); //隐藏提示框
                    $(this).prev("li").removeClass("optnFocus"); //删除获取焦点时的样式
                    $("#sort").hide(); //隐藏提示箭头
            })
        })
    </script>
</head>
<body>
    <ul>
        <li class="menu">
            <div>
                <img alt="" src="Images/icon.gif" />
                <span>电脑数码类产品</span>
            </div>
            <ul class="content">
                <li class="optn"><a href="#">笔记本</a></li>
                <ul class="tip">
                    <li><a href="#">笔记本 1</a></li>
                    <li><a href="#">笔记本 2</a></li>
                    <li><a href="#">笔记本 3</a></li>
                    <li><a href="#">笔记本 4</a></li>
                    <li><a href="#">笔记本 5</a></li>
                </ul>
                <li class="optn"><a href="#">移动硬盘</a></li>
                <ul class="tip">
                    <li><a href="#">移动硬盘 1</a></li>
                    <li><a href="#">移动硬盘 2</a></li>
                    <li><a href="#">移动硬盘 3</a></li>
                    <li><a href="#">移动硬盘 4</a></li>
                    <li><a href="#">移动硬盘 5</a></li>
                </ul>
```

```
        <li class="optn"><a href="#">电脑软件</a></li>
        <ul class="tip">
            <li><a href="#">电脑软件 1</a></li>
            <li><a href="#">电脑软件 2</a></li>
            <li><a href="#">电脑软件 3</a></li>
            <li><a href="#">电脑软件 4</a></li>
            <li><a href="#">电脑软件 5</a></li>
        </ul>
        <li class="optn"><a href="#">数码产品</a></li>
        <ul class="tip">
            <li><a href="#">数码产品 1</a></li>
            <li><a href="#">数码产品 2</a></li>
            <li><a href="#">数码产品 3</a></li>
            <li><a href="#">数码产品 4</a></li>
            <li><a href="#">数码产品 5</a></li>
        </ul>
        </ul>
        <img id="sort" src="Images/sort.gif" alt="" />
    </li>
    </ul>
</body>
</html>
```

【拓展作业】

1. 练习用 on()方法给元素绑定事件的处理程序。
2. 练习常用的事件函数。

单元 四

jQuery 操作 DOM

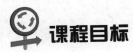课程目标

▶ 掌握 jQuery 插入元素
▶ 掌握 jQuery 复制元素
▶ 掌握 jQuery 删除元素
▶ 掌握 jQuery 替换元素

 简 介

在学习 JavaScript 时，我们就已经学习过 DOM 操作，一般都是用 document 元素的 createElement、createAttribute、appendChild、appendText 等方法来对元素进行操作。这些操作比较冗长且烦琐，往往创建一个元素并赋值一些属性要写很多代码。jQuery 提供了功能更多、更简单的 DOM 操作，前面我们也使用到了一些 jQuery 的 DOM 操作，下面我们来具体学习一下 jQuery 的 DOM 操作。

4.1 $()工厂方法创建元素

在编程时，我们经常需要创建一些元素，并将元素加入需要的位置，以前的代码写法如下。

```
<script>
window.onload=function(){
        var element = document.createElement("img");
        element.setAttribute("id","test");
        element.setAttribute("width","100");
        element.src="img/demo01.png";
        document.body.appendChild(element);
        alert(document.getElementById("test").width);
}
</script>
```

上面代码的作用是，创建一个层，设置 id 属性值为 test、width 属性值为 100，然后将 img 加入 body 中，最后弹出警告框显示层的 width 属性为 100。

jQuery 的工厂方法可以直接创建对象，在 jQuery 中的代码可以写成如下所示。

```
<script type="text/javascript">
        $(document).ready(function(){
            $("<img src='img/demo01.png' width='100' id='test' ></div>").appendTo
(document.body);
                alert($("#test").width());
        });
</script>
```

两段代码的效果一样，但写法上 jQuery 就容易多了。

4.2 内部插入

内部插入是指向某个元素内部加入新的元素，形成父子关系。

首先来看一看 append 和 appendTo。

append 是向每个匹配的元素的末尾内部追加内容，代码如示例 4.1 所示，结果如图 4-1 所示。

示例 **4.1**：

```
<!DOCTYPE html>
<html>
    <head>
        <meta charset="UTF-8">
        <title>demo01</title>
    </head>
    <body>
        <p>I would like to say: </p>
        <script type="text/javascript" src="scripts/jquery-1.12.4.js"></script>
        <script type="text/javascript">
            $("p").append("<b>Hello</b>");
        </script>
    </body>
</html>
```

图 4-1

元素 p 追加了一个加粗的 Hello 元素，相当于 html 结构变成了：

```
<p>I would like to say:<b>Hello</b> </p>
```

appendTo 和 append 的操作对象相反，可以理解成新元素被追加到元素的末尾，按上面例子的效果使用 appendTo 可以表达为：

```
$("<b>Hello</b>").appendTo("p");
```

与上面两个方法相似的方法还有 prepend()和 prependTo()。它们的区别是：append()方法是在元素的后面追加，prepend()方法是在元素的前面加，只是前后有不同；prependTo()方法和 appendTo()方法的关系也是如此。

4.3 外部插入

外部插入主要是指在元素之前或之后加入新的元素，新元素加入之后，与原来的元素是同胞(sibling)关系或者说是同级关系。

我们先来看一看 after()方法，其语法为：

    after(content)

content 是需要加入当前元素后面的新内容，下面通过一个简单实例来了解其用法，代码如示例 4.2 所示，结果如图 4-2 所示。

示例 4.2：

```html
<!DOCTYPE html>
<html>
    <head>
        <meta charset="UTF-8">
        <title>demo02</title>
    </head>
    <body>
        <p>I would like to say: </p>
        <script type="text/javascript" src="scripts/jquery-1.12.4.js"></script>
        <script type="text/javascript">
            $("p").after("<b>Hello</b>");
        </script>
    </body>
</html>
```

图 4-2

after()方法与 append()的方法类似，只是将方法体中的元素添加到选择器元素的后面，相当于 html 结构变成了：

    <p>I would like to say: </p><b>Hello</b>

与 after()方法相似的还有 before()方法，如果把上面的例子改成 before()方法，则 jQuery 代码如下。

```
$("p").before("<b>Hello</b>");
```

结果：

```
<b>Hello</b><p>I would like to say: </p>
```

hello 就出现在前面了。

另外，还有 insertAfter()方法和 insertBefore()方法，这两个方法只是交换了操作对象。例如，$("p").after("Hello"); 可以写成 $("<b>Hello</b>").insertAfter("p")，$("p").before("Hello");可以写成$("Hello").insertBefore("p")，效果是一样的。

4.4　替换、复制和删除

替换类的方法主要是用于替换选中的元素，包括 replaceWith()和 replaceAll()方法。我们先来看一看 replaceWith()方法的用法，其语法为：

```
replaceWith(content)
```

将所有匹配的元素替换成指定的 HTML 或 DOM 元素。

我们来看一个简单的实例，代码如示例 4.3 所示。

示例 4.3：

```
<!DOCTYPE html>
<html>
    <head>
        <meta charset="UTF-8">
        <title>demo03</title>
    </head>
    <body>
        <p>Hello</p><p>cruel</p><p>World</p>
        <script type="text/javascript" src="scripts/jquery-1.12.4.js" ></script>
        <script type="text/javascript">
            $("p").replaceWith("<b>Paragraph. </b>");
        </script>
    </body>
</html>
```

结果如图 4-3 所示，左边为原结构，右边为 replaceWith()方法替换后的结果，结构变成了：

```
<b>Paragraph. </b><b>Paragraph. </b><b>Paragraph. </b>
```

replaceAll()方法与 replaceWith()方法的操作对象正好相反，表示用对象替换掉选中的元素。

图 4-3

上面例子的效果也可以用下面的 jQuery 代码编写，效果是相同的。

```
$("<b>Paragraph. </b> ").replaceWith("p ");
```

复制的方法是 clone()，其语法为：

```
clone([copyEvent])
```

clone()方法接受一个 boolean 值，表示是否复制事件，这个参数是可选的，如果不需要复制事件，则不需要传递参数。

删除的方法主要作用是在文档中删除一些元素，主要有 empty()方法、remove()方法和 detach()方法。

首先来看一看 empty()方法。

HTML 代码：

```
<p>Hello</p> how are <p>you?</p>
```

jQuery 代码：

```
$("p").empty();
```

结果：

```
<p></p> how are <p></p>
```

empty()方法的作用是将选中的元素清空，里面的内容会消失，相当于 removeAll()方法。

remove()方法是从文档中移除选中的元素，元素本身不会被删除，后面仍然可以使用，但是元素上绑定的事件和数据就没有了。其语法为：

```
remove([expr])
```

其中 expr 可选，里面可以放选择器对需要删除的元素进行筛选。

下面来看一个例子，代码如示例 4.4 所示，结果如图 4-4 所示。

示例 4.4：

```
<html>
    <head>
        <meta charset="UTF-8">
        <title>demo04</title>
```

```
    </head>
    <body>
        <script src="scripts/jquery-1.12.4.js" type="text/javascript">
        </script>
        <script type="text/javascript">
            $(document).ready(function(){
                $("p").click(function(){
                    alert($(this).html());
                });
                $("#test").click(function(){
                    $("p").remove().appendTo(document.body);
                });
            });
        </script>
        <p>Hello</p> how are <p>you?</p>
        <input type="button" id="test" value="测试">
    </body>
</html>
```

文档中原来有两个 p 元素，通过 ready()方法给两个 p 元素加上了 click 事件，如果单击，则会弹出对话框，显示 p 元素中间的内容。如果单击了页面上的"测试"按钮，则会将 p 对象全部移除，然后对象仍然能追加到 body 中，但再单击 p 元素时就不会有对话框弹出了，完成后的效果如图 4-4 所示。

图 4-4

detach()方法的功能与 remove()方法一样，不同的是，detach()方法会保留事件和数据。

【单元小结】

- 掌握通过 jQuery 向 DOM 中插入元素的方法。
- 掌握通过 jQuery 复制 DOM 中的元素的方法。

- 掌握通过 jQuery 删除 DOM 中的元素的方法。
- 掌握通过 jQuery 替换 DOM 中的元素的方法。

【单元自测】

1. HTML 代码：

```
<p>I would like to say: </p>
```

jQuery 代码：

```
$("p").append("<b>Hello</b>");
```

请问以上代码执行后的结果是什么？

2. HTML 代码：

```
<div id="foo">Hello</div><p>I would like to say: </p>
```

jQuery 代码：

```
$("p").insertBefore("#foo");
```

请问以上代码执行后的结果是什么？

【上机实战】

上机目标

掌握用 jQuery 操作 DOM 的方法。

上机练习

◆ 第一阶段 ◆

练习：设置或获取元素的值

【问题描述】

在网页中经常需要设置或获取元素的值，此练习演示怎样设置或获取元素的值。此示例运行效果如图 4-5 所示。

当选择下拉菜单的不同项和在文本框中填入内容后，其效果如图 4-6 所示。

图 4-5   图 4-6

【参考步骤】

整个 HTML 页面代码如下。

```
<!DOCTYPE html>
<html>
<head>
    <meta    charset="gb2312" />
    <title>获取或设置元素的值</title>
    <script    type="text/javascript"    src="jquery_1.12.4.js"></script>
    <script type="text/javascript">
        $(function() {
            $("select").change(function() { //设置下拉列表框 change 事件
                var strSel = $("select").val().join(","); //获取下拉列表框所选中的全部选项值
                $("#p1").html(strSel); //显示下拉列表框所选中的全部选项值
            })
            $("input").change(function() { //设置文本框 focus 事件
                var strTxt = $("input").val(); //获取文本框的值
                $("#p2").html(strTxt); //显示文本框所输入的值
            })
            $("input").focus(function() { //设置文本框 focus 事件
                $("input").val(""); //清空文本框的值
            })
        })
    </script>
</head>
<body>
 <div>
        <select multiple="multiple" style="height: 96px; width: 85px">
            <option value="1">Item 1</option>
            <option value="2">Item 2</option>
```

```
                    <option value="3">Item 3</option>
                    <option value="4">Item 4</option>
                    <option value="5">Item 5</option>
                    <option value="6">Item 6</option>
                </select>
                <p id="p1">
                </p>
            </div>
            <div>
                <input type="text" class="txt" />
                <p id="p2">
                </p>
            </div>
        </body>
        </html>
```

◆ 第二阶段 ◆

练习：数据删除和图片预览在项目中的应用

【问题描述】

为了对 jQuery 操作 DOM 有更深刻的理解，现在我们来实现一个通过 jQuery 删除数据和图片缩放的功能。此示例运行效果如图 4-7 所示。

鼠标移动到 "封面" 列的图片时，效果如图 4-8 所示。

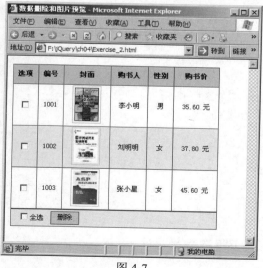

图 4-7

图 4-8

勾选其中一行数据，单击"删除"按钮，效果如图4-9所示。

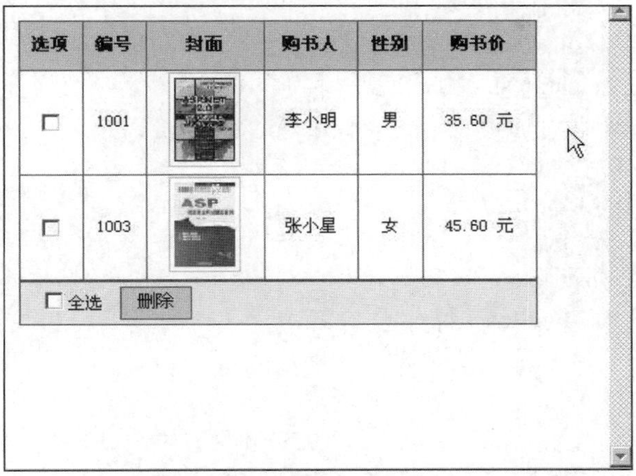

图 4-9

我们会发现数据少了一条。

单击"全选"按钮，可以实现"全选"和"取消"功能。

【参考步骤】

整个 HTML 页面代码如下。

```
<!DOCTYPE html>
<html >
<head>
    <meta   charset="UTF-8" />
    <title>数据删除和图片预览</title>
      <style type="text/css">
        body
        {
            font-size: 12px;
        }
        table
        {
            width: 360px;
            border-collapse: collapse;
        }
        table tr th, td
        {
            border: solid 1px #666;
            text-align: center;
        }
        table tr td img
        {
```

```css
        border: solid 1px #ccc;
        padding: 3px;
        width: 42px;
        height: 60px;
        cursor: hand;
    }
    table tr td span
    {
        float: left;
        padding-left: 12px;
    }
    table tr th
    {
        background-color: #ccc;
        height: 32px;
    }
    .clsImg
    {
        position: absolute;
        border: solid 1px #ccc;
        padding: 3px;
        width: 85px;
        height: 120px;
        background-color: #eee;
        display: none;
    }
    .btn
    {
        border: #666 1px solid;
        padding: 2px;
        width: 50px;
    }
</style>
<script type="text/javascript" src="jquery_1.12.4.js"></script>
<script type="text/javascript">
    $(function() {
        $("table tr:nth-child(odd)").css("background-color", "#eee"); //隔行变色

        /**全选复选框单击事件**/
        $("#chkAll").click(function() {
            if (this.checked) {//如果自己被选中
                $("table tr td input[type=checkbox]").attr("checked", true);
            }
```

```
                    else {//如果自己没有被选中
                        $("table tr td input[type=checkbox]").attr("checked", false);
                    }
                })

            /**删除按钮单击事件**/
            $("#btnDel").click(function() {
                var intL = $("table tr td input:checked:not('#chkAll')").length; //获取除全选复
                                                                                  选框外的所有
                                                                                  选中项

                if (intL != 0) {//如果有选中项
                    $("table tr td input[type=checkbox]:not('#chkAll')").each(function(index) {
                                                    //遍历除全选复选框外的行
                        if (this.checked) {//如果选中
                            $("table tr[id=" + this.value + "]").remove(); //获取选中的值，并
                                                                            删除该值所在的行
                        }
                    })
                }
            })

            /**小图片鼠标移动事件**/
            var x = 5; var y = 15; //初始化提示图片位置
            $("table tr td img").mousemove(function(e) {
                $("#imgTip")
                .attr("src", this.src)//设置提示图片 scr 属性
                .css({ "top": (e.pageY + y) + "px", "left": (e.pageX + x) + "px" })//设置提示图片
                                                                                    的位置

                .show(3000); //显示图片
            })

            /**小图片鼠标移出事件**/
            $("table tr td img").mouseout(function() {
                $("#imgTip").hide(); //隐藏图片
            })
        })
    </script>

</head>
<body>
    <table>
        <tr>
            <th>
```

```
                选项
            </th>
            <th>
                编号
            </th>
            <th>
                封面
            </th>
            <th>
                购书人
            </th>
            <th>
                性别
            </th>
            <th>
                购书价
            </th>
        </tr>
        <tr id="0">
            <td>
                <input id="Checkbox1" type="checkbox" value="0" />
            </td>
            <td>
                1001
            </td>
            <td>
                <img src="Images/img03.jpg" alt="" />
            </td>
            <td>
                李小明
            </td>
            <td>
                男
            </td>
            <td>
                35.60 元
            </td>
        </tr>
        <tr id="1">
            <td>
                <input id="Checkbox2" type="checkbox" value="1" />
            </td>
            <td>
```

```
                1002
            </td>
            <td>
                <img src="Images/img04.jpg" alt="" />
            </td>
            <td>
                刘明明
            </td>
            <td>
                女
            </td>
            <td>
                37.80 元
            </td>
        </tr>
        <tr id="2">
            <td>
                <input id="Checkbox3" type="checkbox" value="2" />
            </td>
            <td>
                1003
            </td>
            <td>
                <img src="Images/img08.jpg" alt="" />
            </td>
            <td>
                张小星
            </td>
            <td>
                女
            </td>
            <td>
                45.60 元
            </td>
        </tr>
    </table>
    <table>
        <tr>
            <td style="text-align: left; height: 28px">
                <span>
                    <input id="chkAll" type="checkbox" />全选</span> <span>
                        <input id="btnDel" type="button" value="删除" class="btn"
/></span>
```

```
                </td>
            </tr>
        </table>
        <img id="imgTip" class="clsImg" src="Images/img03.gif" />
    </body>
</html>
```

【拓展作业】

1. 练习通过 jQuery 动态创建节点元素。
2. 练习通过 jQuery 复制元素。

単元 **五**

jQuery 的动画

🌐 课程目标

▶ 掌握简单的隐藏和显示动画

▶ 掌握 CSS 动画

▶ 掌握滑块动画

▶ 掌握简单的自定义动画

 **简 介**

对于 Web 设计来说，动画形式主要包括位置变化、形状变化和显示 3 种。位置变化主要通过元素的坐标值来控制。形状变化主要是大小变化，这种形式主要依靠宽和高进行控制。显示变化主要通过显示、隐藏或透明度进行控制。通过 jQuery，用户不仅能够轻松地为页面操作添加简单的视觉效果，还能创造更精致的动画。

5.1 CSS 动画基础

JavaScript 语言本身不支持动画设计，必须驱动 CSS 来实现动画效果，同样，在接触 jQuery 各种特效前，有必要先学习动态 CSS 技术。在 JavaScript 中，动态改变 CSS 的方式使用的是 style 属性，针对这种情况，jQuery 提供了 css()方法。具体用法如下：

```
css(propertyName)
css(propertyName,value)
css(propertyName,function(index,value))
css(map)
```

- 参数 propertyName 表示一个 CSS 属性名，以字符串形式存在，如获取 CSS 的宽，写法为 css("width")。
- 参数 value 表示一个 CSS 的属性值，如设置宽为 500px，写法为 css("width", "500px")。
- 参数 function(index,value)是一个返回设置值的函数，参数函数可以接收元素的索引位置和元素旧的样式属性值作为参数。
- 参数 map 表示一个键值对，结构类似于{name：value，name1：value1...}。

css()方法集获取方法(getter())和设置方法(setter())于一体。在示例 5.1 中，利用 jQuery 获取文档中的段落文本 p 元素，然后绑定伪类 hover()方法，定义鼠标移过时的动态方法，该方法包含两个回调函数，一个是移入方法，一个是移出方法。分别为鼠标移入添加样式背景为黄色，字体为黑色。鼠标移出时背景改为红色，字体改为白色。效果见图 5-1。

示例 **5.1**：

```
<!DOCTYPE html>
<html>
    <head>
        <meta charset="UTF-8">
        <title>demo01</title>
        <style type="text/css">
            p {
```

```
                    width: 200px;
                    height: 200px;
                    background: rgba(0, 0, 0, 0.3);
                    color: blue;
                    text-align: center;
                    line-height: 200px;
                }
            </style>
        </head>
        <body>
            <p>jQuery 非常好用</p>
            <script type="text/javascript" src="scripts/jquery-1.12.4.js"></script>
            <script type="text/javascript">
                $(function() {
                    $("p").hover(function() {
                        $(this).css({
                            "background":"yellow",
                            "color":"black"
                        });
                    }, function() {
                        $(this).css({
                            "background":"red",
                            "color":"white"
                        });
                    })
                })
            </script>
        </body>
    </html>
```

图 5-1

5.2 显示和隐藏动画

最简单的动画效果也许就是元素的显示和隐藏，在 CSS 中，通常用 display 属性的 none 来控制元素的隐藏，在 jQuery 中，提供了专门的显示和隐藏动画方法，即 show() 和 hide()。例如，使用如下代码隐藏 p 标签。

```
$("p").hide();
```

这段代码的功能实际上与 css() 方法设置的 display 属性效果相同。

```
$("p").css("display","none").
```

基本的 hide() 方法和 show() 方法不带任何参数，可以理解成 CSS 中的 display 属性，这两个方法的作用就是立即隐藏或显示匹配的元素，不带任何动画。但是，hide() 方法能够在把 display 变为 none 之前，记住原先的 display 的属性值，恰好相反，show() 方法则会显示 hide() 方法隐藏的属性。

示例 5.2 是一个二级导航栏，通过单击一级菜单来控制二级菜单的展开和折叠，默认为折叠，结果如图 5-2 所示。

示例 5.2：

```html
<!DOCTYPE html>
<html>
    <head>
        <meta charset="UTF-8">
        <title>demo02</title>
        <style type="text/css">
            * {
                margin: 0;
                padding: 0;
            }
            ul,
            li,
            ol {
                list-style: none;
            }
            .menu {
                box-sizing: border-box;
                border: 1px solid darkgray;
                border-radius: 5px;
                background: white;
                width: 200px;
            }
            .menu li {
```

```
                    padding-left: 10px;
                    color: #495D5E;
                    font-weight: 700;
                    line-height: 40px;
                    border-bottom: 1px solid gray;
                }

            .submenu {
display:none;
                    margin-left: -10px;
                    background: #454359;
                }

            .submenu li {
                    color: #CDD8C7;
                }
        </style>
    </head>
    <body>
        <ul class="menu">
            <li>我是一级菜单 001
                <ul class="submenu">
                    <li>我是二级菜单 001-a</li>
                    <li>我是二级菜单 001-b</li>
                    <li>我是二级菜单 001-c</li>
                    <li>我是二级菜单 001-d</li>
                </ul>
            </li>
            <li class="menu">我是一级菜单 002
                <ul class="submenu">
                    <li>我是二级菜单 002-a</li>
                    <li>我是二级菜单 002-b</li>
                    <li>我是二级菜单 002-c</li>
                    <li>我是二级菜单 002-d</li>
                </ul>
            </li>
            <li class="menu">我是一级菜单 003
                <ul class="submenu">
                    <li>我是二级菜单 003-a</li>
                    <li>我是二级菜单 003-b</li>
                    <li>我是二级菜单 003-c</li>
                    <li>我是二级菜单 003-d</li>
                </ul>
```

```
            </li>
            <li class="menu">我是一级菜单 004
                <ul class="submenu">
                    <li>我是二级菜单 004-a</li>
                    <li>我是二级菜单 004-b</li>
                    <li>我是二级菜单 004-c</li>
                    <li>我是二级菜单 004-d</li>
                </ul>
            </li>
        </ul>
        <script type="text/javascript" src="scripts/jquery-1.12.4.js"></script>
        <script type="text/javascript">
            $(function() {
                $(".menu>li").click(function() {
                    //判断当前单击下的二级菜单是否被隐藏
                    if($(this).children().css("display") != "none") {
                        //隐藏二级菜单
                        $(this).children().hide();
                    } else {
                        //显示二级菜单
                        $(this).children().show();
                    }
                })
            })
        </script>
    </body>
</html>
```

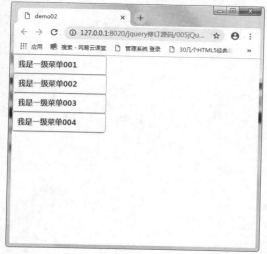
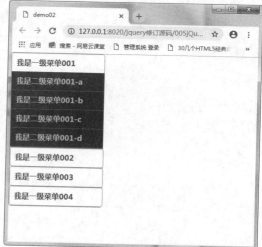

图 5-2

当在 show()或 hide()方法中加一个速度参数后，就会产生一个动画效果，即表示效果会在一个特定时间内完成，对于 jQuery 提供的任何效果，都可以指定 3 种速度参数，即"slow"、"fast"或毫秒，如 show("fast")，参数要加引号，其中 slow 代表 0.6 秒，fast 代表 0.3 秒。若是要指定速度，则可以自己设置毫秒值，如 show(800)，即代表显示效果会在 0.8 秒完成，自定义的值不需要加引号。

在示例 5.3 中，我们利用 jQuery 的显示和隐藏动画制作一个选项卡效果，结果如图 5-3 所示。使用原生 JavaScript 的思路是：先使用 CSS 设计 4 对类样式，分别用来控制标题栏和内容框的显示和隐藏样式。使用 JavaScript 设计在默认状态下标题栏和内容框的类样式，然后通过遍历方式为每个标题栏绑定 mouseover 时间处理函数，当鼠标经过标题栏时，隐藏所有内容框，修改所有标题的类样式，并显示该标题栏的样式和所对应的内容框，使用 JavaScript 实现功能代码如下。

示例 5.3：

原生 JavaScript 实现代码如下。

```
<!DOCTYPE html>
<html>
    <head>
        <meta charset="UTF-8">
        <title></title>
        <style type="text/css">
            *{
                margin: 0;
                padding: 0;
            }
            ul,ol,li{
                list-style: none;
            }
            .Tab{
                margin: auto;
                height: 40px;
                line-height: 40px;
                width: -webkit-max-content;
            }
            .Tab ul li{
                padding: 5px 10px;
                float: left;
                border: 1px solid gray;
            }
            .Tab ol{
                clear: both;
                margin-top: 10px;
            }
```

```
        .Tab ol li{
            width: 100%;
            height: 300px;
            border: 1px solid gray;
        }
        /*标题栏被选中样式*/
        .hover{
            color: red;
        }
        /*标题栏未被选中样式*/
        .normal{
            color: black;
        }
        /*选项卡显示*/
        .show{
            display: block;
        }
        /*选项卡隐藏*/
        .none{
            display: none;
        }
    </style>
</head>
<body>
<div class="Tab">
    <!--选项卡标题-->
    <ul>
        <li>Tab1</li>
        <li>Tab2</li>
        <li>Tab3</li>
        <li>Tab4</li>
    </ul>
    <!--选项卡内容-->
    <ol>
        <li>我是 Tab1 的内容</li>
        <li>我是 Tab2 的内容</li>
        <li>我是 Tab3 的内容</li>
        <li>我是 Tab4 的内容</li>
    </ol>
</div>
<script type="text/javascript">
    window.onload=function(){
        var tab=document.getElementsByClassName("Tab")[0];
```

```
            var ul=tab.getElementsByTagName("ul")[0];
            var ol=tab.getElementsByTagName("ol")[0];
            var ulli=ul.getElementsByTagName("li");
            var olli=ol.getElementsByTagName("li");
            for (var i=0;i<ulli.length;i++) {
                ulli[i].className="normal";
            }
            for (var i=0;i<olli.length;i++) {
                olli[i].className="none";
            }
            ulli[0].className="hover";
            olli[0].className="show";
            //自定义绑定 mouseover 事件函数
            var addEvent=function(e,fn){
                //兼容非 IE 浏览器
                if(document.addEventListener){
                    return e.addEventListener("mouseover",fn,false);
                }
                //兼容非 IE 浏览器
                else if(document.attachEvent){
                    return e.attachEvent("onmouseover",fn)
                }
            }
            for(var i=0;i<ulli.length;i++){
                (function(i,ulli,olli){
                    addEvent(ulli[i],function(){
                        for (var j=0;j<ulli.length;j++) {
                            ulli[j].className="normal";
                            olli[j].className="none";
                        }
                        ulli[i].className="hover";
                        olli[i].className="show";
                    })
                })(i,ulli,olli)
            }
        }
    </script>
    </body>
</html>
```

图 5-3

根据 JavaScript 的设计思路，我们利用 jQuery 实现，编写的代码会非常简洁，如示例 5.4 所示。

示例 5.4：

使用 jQuery 实现代码如下。

```html
<!DOCTYPE html>
<html>
    <head>
        <meta charset="UTF-8">
        <title>示例 3</title>
        <style type="text/css">
            *{
                margin: 0;
                padding: 0;
            }
            ul,ol,li{
                list-style: none;
            }
            .Tab{
                margin: auto;
                height: 40px;
                line-height: 40px;
                width: -webkit-max-content;
            }
            .Tab ul li{
                padding: 5px 10px;
                float: left;
                border: 1px solid gray;
            }
            .Tab ol{
```

```
                    clear: both;
                    margin-top: 10px;
                }
                .Tab ol li{
                    width: 100%;
                    height: 300px;
                    border: 1px solid gray;
                }
                /*标题栏被选中样式*/
                .hover{
                    color: red;
                }
                /*标题栏未被选中样式*/
                .normal{
                    color: black;
                }
                /*选项卡显示*/
                .show{
                    display: block;
                }
                /*选项卡隐藏*/
                .none{
                    display: none;
                }
        </style>
</head>
<body>
<div class="Tab">
        <!--选项卡标题-->
        <ul>
            <li>Tab1</li>
            <li>Tab2</li>
            <li>Tab3</li>
            <li>Tab4</li>
        </ul>
        <!--选项卡内容-->
        <ol>
            <li>我是 Tab1 的内容</li>
            <li>我是 Tab2 的内容</li>
            <li>我是 Tab3 的内容</li>
            <li>我是 Tab4 的内容</li>
        </ol>
</div>
```

```
<script type="text/javascript" src="scripts/jquery-1.12.4.js"></script>
<script type="text/javascript">
$(function(){
        var ulli=$("ul li");
        var olli=$("ol li");
        ulli.addClass("normal");
        olli.hide();
        ulli.eq(0).removeClass().addClass("hover");
        olli.eq(0).show();
        //jquery 遍历
        ulli.each(function(n){
            $(this).mouseover(function(){
                ulli.removeClass().addClass("normal");
                $(this).removeClass().addClass("hover");
                olli.hide(0);
                $(olli[n]).show(500);
            })
        })
    })
</script>
</body>
</html>
```

与原生 JavaScript 相比，利用 jQuery 做出的选项卡，不仅代码变得更加简洁，而且还加入了动画效果。

5.3　滑块动画

slideUp()和 slideDown()是 jQuery 定义的两个滑动方法，分别是向上滑动和向下滑动，相当于缓慢舒展和缓慢收缩，利用这两个方法，可以制作很多灵活、动感的动画。
slideUp()方法语法为：

```
$(selector).slideUp(speed,callback);
```

slideDown()方法语法为：

```
$(selector).slideDown(speed,callback)
```

- 参数 speed 定效果的时长。它可以取以下值："slow"、"fast"或毫秒，可选。
- 参数 callback 是滑动完成后所执行的函数名称。

slideUp()方法和 slideDown()方法的持续时间以毫秒为单位，数值越大，动作越慢。单击图 5-4 中的按钮，则图片会根据按钮的命令呈现出不同的伸展效果，代码如示例 5.5 所示。

示例 5.5：

```html
<!DOCTYPE html>
<html>
    <head>
        <meta charset="UTF-8">
        <title></title>
        <style type="text/css">
            .btn{
                width: 600px;
                height: 50px;
                border-bottom: 1px solid gray;
            }
            .btn a{
                display: inline-block;
                padding: 5px 10px;
                border: 1px solid gray;
                color: blue;
            }
            .box1,.box2,.box3{
                width: 200px;
                float: left;
                height: 300px;
            }
            .box1{background: red;}
            .box2{background: blue;}
            .box3{background: green;}
        </style>
    </head>
    <body>
        <div class="btn">
            <a class="box1btn">收缩伸展 box1</a>
        <a class="box2btn">收缩伸展 box2</a>
        <a class="box3btn">收缩伸展 box3</a>
        </div>
        <div class="box1">box1</div>
        <div class="box2">box2</div>
        <div class="box3">box3</div>
        <div id="msg"></div>
        <script type="text/javascript" src="scripts/jquery-1.12.4.js"></script>
        <script type="text/javascript">
            var box1btn=$(".box1btn");
            var box2btn=$(".box2btn");
            var box3btn=$(".box3btn");
```

```
            var box1=$(".box1");
            var box2=$(".box2");
            var box3=$(".box3");
            //收缩伸展 box1
            box1btn.click(function(){
                box1.slideUp(1000,function(){
                box1.slideDown(1000)
                });
            })
            //收缩伸展 box2
            box2btn.click(function(){
                box2.slideUp(2000,function(){
                    box2.slideDown(1000)
                });
            })
            //收缩伸展 box3
            box3btn.click(function(){
                box3.slideUp(3000,function(){
                box3.slideDown(2000);
                });
            })
        </script>
    </body>
</html>
```

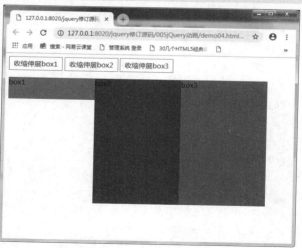

图 5-4

需要注意的是，slideDown()方法只能适用于已经隐藏的元素，对于已经显示的元素，添加此方法没有效果，相反，slideUp()方法用于已经显示的元素。

5.4　渐变效果

渐变效果是通过不透明度的变化来实现匹配元素的淡入和淡出动画，与滑动效果相比，渐变效果只调整元素的透明度，宽和高没有变化。

fadeIn()、fadeOut()、fadeTo()是jQuery为渐变效果提供的方法，其中，fadeIn()为淡入，fadeOut()为淡出。fadeIn()和fadeOut()与slideUp()和slideDown()用法相同。

fadeIn()方法的语法为：

```
$(selector).fadeIn(speed,callback)
```

fadeOut()方法的语法为：

```
$(selector).fadeOut(speed,callback);
```

在示例5.6中，将滑块动画变成渐变动画，结果见图5-5。

示例5.6：

```html
<!DOCTYPE html>
<html>
    <head>
        <meta charset="UTF-8">
        <title>示例 5</title>
        <style type="text/css">
            .btn{
                width: 600px;
                height: 50px;
                border-bottom: 1px solid gray;
            }
            .btn a{
                display: inline-block;
                padding: 5px 10px;
                border: 1px solid gray;
                color: blue;
            }
            .box1,.box2,.box3{
                width: 200px;
                float: left;
                height: 300px;
            }
            .box1{background: red;}
            .box2{background: blue;}
            .box3{background: green;}
        </style>
    </head>
    <body>
```

```html
<div class="btn">
    <a class="box1btn">渐变显示隐藏 box1</a>
<a class="box2btn">渐变显示隐藏 box2</a>
<a class="box3btn">渐变显示隐藏 box3</a>
</div>
<div class="box1">box1</div>
<div class="box2">box2</div>
<div class="box3">box3</div>
<div id="msg"></div>
<script type="text/javascript" src="scripts/jquery-1.12.4.js"></script>
<script type="text/javascript">
    var box1btn=$(".box1btn");
    var box2btn=$(".box2btn");
    var box3btn=$(".box3btn");
    var box1=$(".box1");
    var box2=$(".box2");
    var box3=$(".box3");
    //渐变显示隐藏 box1
    box1btn.click(function(){
        box1.fadeOut(1000,function(){
        box1.fadeIn(1000)
        });
    })
    //渐变显示隐藏 box2
    box2btn.click(function(){
        box2.fadeOut(2000,function(){
            box2.fadeIn(1000)
        });
    })
    //渐变显示隐藏 box3
    box3btn.click(function(){
        box3.fadeOut(3000,function(){
        box3.fadeIn(2000);
        });
    })
</script>
</body>
</html>
```

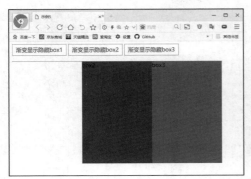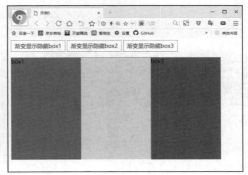

图 5-5

fadeTo()方法允许渐变为给定的不透明度(值介于 0 与 1 之间)，语法如下：

$(selector).fadeTo(speed,opacity,callback);

● 参数 speed 和 callback 与前面相同。
● 参数 opacity 将淡入淡出效果设置为给定的不透明度(值介于 0 与 1 之间)
在示例 5.7 中，把图片设置渐变由 1 到 0.5。结果如图 5-6 所示。

示例 5.7：

```
<!DOCTYPE html>
<html>
    <head>
        <meta charset="UTF-8">
        <title>示例 6</title>
    </head>
    <body>
        <div>
            <button>逐渐渐变效果</button>
        </div>
        <img src="demo.jpg" width="800" style="margin-top: 20px;"/>
        <script type="text/javascript" src="scripts/jquery-1.12.4.js"></script>
        <script type="text/javascript">
            $(function(){
                var btn=$("button");
                btn.click(function(){
                    var img=$("img");
                    img.fadeTo(1000,0.5)
                })
            })
        </script>
    </body>
</html>
```

图 5-6

需要注意的是，fadeOut()方法只能作用于显示的元素，对于隐藏的元素是无效的。

5.5　简单的自定义动画

在前面已经学习了三类动画，但是在很多情况下，这些方法仍然不能满足用户的各种需求，那么就需要对动画有更多的控制，需要采取一些自定义动画来解决这些问题。在 jQuery 中，animate()方法可以用于创建自定义动画，其语法结构为：

$(selector).animate(styles,speed,easing,callback)

- 参数 style 规定产生动画效果的 CSS 样式和值。必选。
- 参数 speed 规定动画的速度。默认是"normal"。可选。
- 参数 easing 规定在不同的动画点中设置动画的速度，可选，其中内置了 swing 和 linear。
- 参数 callback 是滑动完成后所执行的函数名称。可选。

利用 animate()方法，可以做出很多生动、灵活的特效，首先来看一个简单示例，在示例 5.8 中，有一个宽高为 100px 的 div，下面有两个按钮，通过这两个按钮，分别控制 div 向右和向左移动 500px，向右移动宽度会增加到 200px，向左移动宽度会减小至 100px，向右移动设置动画速度函数为 swing()，向左设置动画速度函数为 linear()。结果如图 5-7 所示。

示例 5.8：

```
<html>
    <head>
        <meta charset="UTF-8" />
        <title>示例 7</title>
    </head>
    <body>
        <div id="box" style="background:#98bf21;height:100px;width:100px;margin:6px;
position: relative;">
        </div>
        <button class="btn1">右移动</button>
        <button class="btn2">左移动</button>
```

```
<script type="text/javascript" src="scripts/jquery-1.12.4.js"></script>
<script type="text/javascript">
    $(document).ready(function() {
        //向右动画
        $(".btn1").click(function() {
            $("#box").animate({
                left:"500px",
                width:"200px"
            },6000,"swing",function(){
                alert("向右动画完成")
            });
        });
        //向左动画
        $(".btn2").click(function() {
            $("#box").animate({
                left:"0",
                width:"100px"
            },6000,"linear",function(){
                alert("向左动画完成")
            });
        });
    });
</script>
</body>
</html>
```

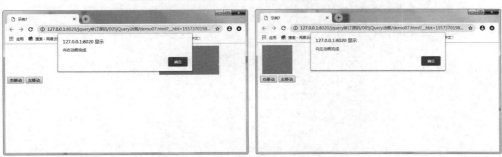

图 5-7

需要注意的是，自动义动画中，不能设置色彩动画，如果需要生成颜色动画，则需要从 jquery.com 下载 Color Animations 插件。

5.6 停止元素的动画

很多时候需要停止匹配元素正在进行的动画，在 jQuery 中提供了 stop()方法，该方法可以满足用户停止某处动画，其语法结构为：

```
$(selector).stop(stopAll,goToEnd)
```

- 参数 stopAll 规定是否停止被选元素的所有加入队列的动画。可选。
- 参数 goToEnd 规定是否允许完成当前的动画，该参数只能在设置了 stopAll 参数时使用。可选。

下面看一个例子，在示例 5.9 中，有一个宽高为 100px 的 div，单击开始动画，为 div 添加一个动画队列，动画依次执行，单击停止动画，则该动画立即停止，结果如图 5-8 所示。

示例 5.9：

```html
<html>
    <head>
        <meta charset="UTF-8" />
        <title>示例 8</title>
    </head>
    <body>
        <p><button id="start">开始动画</button><button id="stop">停止动画</button></p>
        <div id="box" style="background:#98bf21;height:100px;width:100px;position:relative">
        </div>
        <script type="text/javascript" src="scripts/jquery-1.12.4.js"></script>
        <script type="text/javascript">
            $(document).ready(function() {
                $("#start").click(function() {
                //添加动画队列
                    $("#box").animate({
                        height: 300
                    }, "slow");
                    $("#box").animate({
                        width: 300
                    }, "slow");
                    $("#box").animate({
                        height: 100
                    }, "slow");
                    $("#box").animate({
                        width: 100
```

```
                    }, "slow");
                });
            $("#stop").click(function() {
        //停止动画
                $("#box").stop(true,false);
                });
            });
        </script>
    </body>
</html>
```

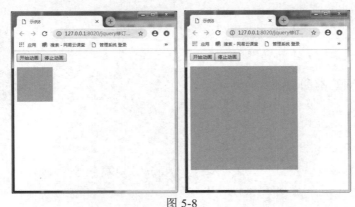

图 5-8

注意，第二个参数可以用于让在执行的动画直接达到结束的状态，通常用于后一个动画需要基于前一个动画的末状态的情况，可以通过设置 stop(false,true)让元素直接达到末状态。jQuery 只能设置正在执行的动画的最终状态，而没有提供直接到达未执行的动画队列的最终状态。

在使用动画时，要避免动画累计而导致的动画与用户行为不一致，例如，用户快速单击某个动画按钮，导致动画还未完成而累计动画，这时候可能用户未单击按钮后，动画还要连续完成几次，造成用户行为与动画不一致，解决这个问题的办法是判断元素是否处于动画状态，如果元素不处于动画状态，则为元素添加动画，否则，不添加动画，代码如下：

```
if(!($(select).is(":animated")){ //判断元素是否处于动画状态
//若没有处于动画状态，添加动画
}
```

【单元自测】

1. 在 jQuery 动画中，如果想要自定义一个动画，需要用到(　　)函数。
   A. slideIn()　　　　B. stop()　　　　C. hide()　　　　D. animate()

2. 在 jQuery 动画中，停止动画用到的函数是(　　　)。

    A. slideIn()   B. stop()   C. animate()   D. slideDown()

3. 对于 slideUp()函数以下说法正确的是(　　　)。

    A. 该函数控制元素颜色背景变化

    B. 该函数控制元素透明度的变化

    C. 该函数增加元素宽高直至完全显示

    D. 该函数减小元素宽高直至完全隐藏

【上机实战】

上机目标

掌握 jQuery 基本动画函数。

上机练习

◆ 第一阶段 ◆

练习：制作伸缩导航条

【问题描述】

在网页中，需要制作一个伸缩导航栏，在页面最左边每一个菜单一个颜色块，当鼠标移入颜色中，该菜单栏展开，默认第一个菜单栏展开。此示例运行效果如图 5-9 所示。

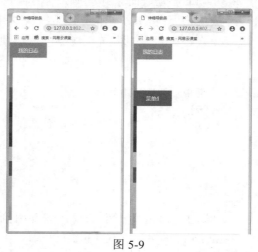

图 5-9

【参考步骤】

整个 HTML 页面代码如下。

```
<!DOCTYPE html>
<html>
<head>
<meta charset="UTF-8">
<title>伸缩导航条</title>
<style type="text/css">
 body{
     padding:0px;
     margin:0px;
 }
 #navigation{
     position:absolute;
     top:0px;
     left:0px;
     margin:0px;
     padding:0px;
     width:120px;
     list-style:none;
 }
 #navigation li{
     position:relative;
     margin:0px;
     padding:0px;
     height:50px;
     width:120px;
 }
 #navigation li a{
     position:absolute;
     display:block;
     top:0px;
     left:0px;
     height:50px;
     width:120px;
     line-height:50px;
     text-align:center;
     color:white;
 }
 #navigation .nav0 a{background:#FF6666;}
 #navigation .nav1 a{background:#CC9966;}
 #navigation .nav2 a{background:#CC9999;}
```

```
#navigation .nav3 a{background:#CC3333;}
#navigation .nav4 a{background:#003366;}
#navigation .nav5 a{background:#993333;}
#navigation .nav6 a{background:#333399;}
#navigation .nav7 a{background:#CCCC00;}
#navigation .nav8 a{background:#CC0033;}
#navigation .nav9 a{background:#99CC66;}
#navigation .nav10 a{background:#99CC99;}
#navigation .nav11 a{background:#FF9900;}
</style>
</head>
<body>
  <div id="wrapper">
    <ul id="navigation">
    <li class="nav0 current_page"><a href="#">我的日志</a></li>
    <li class="nav1"><a href="#">菜单 2</a></li>
    <li class="nav2"><a href="#">菜单 3</a></li>
    <li class="nav3"><a href="#">菜单 4</a></li>
    <li class="nav4"><a href="#">菜单 5</a></li>
    <li class="nav5"><a href="#">菜单 6</a></li>
    <li class="nav6"><a href="#">菜单 7</a></li>
    <li class="nav7"><a href="#">菜单 8</a></li>
    <li class="nav8"><a href="#">菜单 9</a></li>
    <li class="nav9"><a href="#">菜单 10</a></li>
    <li class="nav10"><a href="#">菜单 11</a></li>
    <li class="nav11"><a href="#">菜单 12</a></li>
    </ul>
  </div>
  <script type="text/javascript" src="scripts/jquery-1.12.4.js"></script>
<script type="text/javascript">
$(function(){
    $("ul>li").each(function(){
     if(!$(this).hasClass('current_page'))//初始只显示第一个按钮
     {
        $("a",this).css("left","-110px");
        $(this).hover(function(){
            $("a",this).stop(true);//阻止冒泡事件
            $("a",this).animate({"left":"0px"},"fast");//快速弹出
        },function(){
            $("a",this).stop(true);
            $("a",this).animate({"left":"-110px"},"fast");
        });
     }
```

```
            })
        });
    </script>
    </body>
    </html>
```

◆ 第二阶段 ◆

练习：利用 jQuery 动画制作简单幻灯片

【问题描述】

在网页中，幻灯片是常见功能，现在需要利用 jQuery 动画制作一个简单的幻灯片，效果如图 5-10 所示，每隔一秒自动切换下一张图。

图 5-10

【参考步骤】

整个 HTML 页面代码如下。

```
<!DOCTYPE html>
<html lang="en">
    <head>
        <meta charset="UTF-8">
        <title>简单幻灯片的制作</title>
```

```
<style>
    body,
    html {
        width: 100%;
    }

    * {
        margin: 0;
        padding: 0;
    }
    li {
        list-style-type: none;
    }
    .nav {
        width: 80%;
        margin: auto;
        height: 558px;
        overflow: hidden;
        position: relative;
    }

    .warp {
        width: 100%;
        height: 558px;
        position: absolute;
    }

    .warp li {
        height: 558px;
        float: left;
        -webkit-box-sizing: border-box;
        -moz-box-sizing: border-box;
        box-sizing: border-box;
    }

    .warp img {
        width: 100%;
        height: auto;
    }
</style>
</head>
<body>
    <div class="nav">
```

```html
            <ul class="warp">
                <li><img src="img/banner01.jpg"></li>
                <li><img src="img/banner02.jpg"></li>
                <li><img src="img/banner03.jpg"></li>

            </ul>
    </body>
    <script type="text/javascript" src="scripts/jquery-1.12.4.js"></script>
    <script type="text/javascript">
        var p = 0;
        var warp = $('.warp');
        //复制第一张图
        var firstimg = $('.warp li').first().clone();
        //添加在最后一张图后面
        $('.warp').append(firstimg).width($('.warp li').length * 100 + '%');
        //根据图片数量定义宽度占比
        $('.warp li').width(100 / $('.warp li').length + '%');
        //自动切换
        function change() {
            p++;
            if(p == $('.warp li').length) {
                p = 1;
                $('.warp').css('left', '0px');
            };
            warp.stop().animate({
                left: -p * 100 + '%'
            }, 230);
        }
        setInterval(change, 2000);
    </script>

</html>
```

【拓展作业】

完成百里半轮播功能，具体要求如下：幻灯片每隔 1 秒自动换下一张，底部小圆点显示当前幻灯片在第几张，随着幻灯片的变化而变化，最右侧有一个联系我们，当鼠标移入，展示详情，如图 5-11 所示。

图 5-11

单元 六

AJAX 简介

 课程目标

▶ AJAX 是什么

▶ 了解 AJAX 的组成要素

▶ 掌握 AJAX 的实现步骤

 **简 介**

使用浏览器浏览网页，当页面刷新很慢时，我们的浏览器在做什么？屏幕内容是什么？此时，我们的浏览器在等待刷新，屏幕内容是一片空白，而我们在屏幕前苦苦地等待浏览器的响应。开发人员为了克服这种尴尬的局面，不得不在每一个可能需要长时间等待响应的页面上增加一个 DIV，告诉用户"系统正在处理您的请求，请稍候……"。

现在，有一种越来越流行、越来越热门的"老"技术，可以彻底改变这种窘迫的局面，这就是 AJAX。如今，随着 Gmail、Google Maps 的应用和各种浏览器的支持，AJAX 正逐渐吸引全世界的眼球。

6.1 什么是 AJAX

在介绍 AJAX 技术之前，我们先谈一谈 Web 应用与桌面应用。Web 应用的优点在于部署和维护过程非常简单，而桌面应用程序则具有丰富的界面和快速的响应能力。一直以来人们都是根据实际需要，在两种应用之间进行选择，通常只能获得一种应用的优势。但是今天的情况却逐渐发生着变化，例如，Google 中的 Google Suggest(Google 提示)，它根据用户的输入实时显示建议的条目，界面见图 6-1。

图 6-1

再看一看 Google Maps，用鼠标移动、放大或缩小地图，响应速度也非常快，无须等待页面的刷新，还有 Gmail 等都是基于 AJAX 技术的 Web 应用。

AJAX(Asynchronous JavaScript and XML，异步 JavaScript 和 XML)概念由 Jesse James Garrett 在他的文章 *AJAX: A New Approach to Web Applications* 中首次提出。此技术改变了传统的客户端与服务器端交互的方式，使用户在浏览 Web 页时，无须等待

数据而可以继续执行其他操作，所有的数据处理都在后台进行。

我们注意到，在 JavaScript 前有一个关键字"异步"，在 AJAX 技术架构中，这个异步起着非常关键的作用，它使得 AJAX 可以轻松实现无刷新等一般 Web 应用程序难以实现的功能。单从 AJAX 全称的字面意义上看，这种技术包含了 JavaScript 技术和 XML 技术，然而其所使用到的技术并非仅此而已。提出 AJAX 概念的 Garrett 有以下描述。

(1) 使用 XHTML+CSS 来表示信息。

(2) 使用 JavaScript 操作 DOM 进行动态显示及交互。

(3) 使用 XML 和 XSLT 进行数据交互及相关操作。

(4) 使用 XMLHttpRequest 对象与 Web 服务器进行异步数据交换。

(5) 使用 JavaScript 将所有的东西绑定在一起。

无论从哪个方面看，给人的印象是 AJAX 使用了大量的 JavaScript 和 XML 技术，此外还使用了网页技术中的 XHTML、CSS 等技术。从 AJAX 概念产生开始，大多数观点都将 AJAX 视为"新瓶装老酒"，即老技术新应用。但值得注意的是，即使是组合了其他技术，其也是一种创新方式，并且一些经验丰富的设计师还归纳总结了一些基于 AJAX 技术的应用模式，使得运用 AJAX 技术能产生直观的效果。

AJAX 既然是一种 Web 应用技术，就脱离不了其运行平台——浏览器。浏览器要支持 AJAX，就意味着要支持 AJAX 所包含的所有技术。目前大多数的浏览器都支持 AJAX 技术的应用，包括 Internet Explorer、FireFox、Opera 及 Mac OS 的 Safari 等。

6.2　为什么使用 AJAX

传统的 Web 应用采用同步交互过程，这种情况下，用户首先向 Web 服务器发送一个请求，然后 Web 服务器根据用户请求的内容，执行相应的任务，并向用户返回结果。这是一种不连贯的用户体验，在服务器处理请求时，用户只能等待，此时浏览器显示的页面是空白的。

自从采用 HTML 进行 Web 传输和呈现以来，无论是基于哪种服务器技术(如 ASP、ASP.NET、JSP、PHP 等)，当页面内容比较少或服务器处理的时间较短时，采用这种模式似乎没有什么不妥。但是，如果页面内容很多，服务器的响应时间较长，对于用户来说就难以接受了。根据调查，一个网页加载的时间如果超过 4~5 秒，那么大多数用户将不会等待，可能会选择切换到其他窗口或者直接关闭该页面。

此外，用户在某些时候仅需要改变页面中某部分的数据，但是却不得不刷新整个页面，尤其在人机交互较为频繁的应用系统中，这种现象屡见不鲜，这显然是和人性化的软件设计原则相违背的。如何减少用户的等待时间，提高系统的性能呢？AJAX 技术就是一种很好的选择。

使用 AJAX 可以带来的好处有以下几个方面。

(1) 减轻服务器的负担。AJAX 的原则是"按需取数据"，可以最大限度地减少冗余请求，减轻服务器的负担。

(2) 无须刷新页面，减少用户实际的等待时间。特别是在读取大量数据时，不会像刷新页面那样出现白屏的情况。AJAX 使用 XMLHttpRequest 对象发送请求并且得到服务器响应，在不重新载入整个页面的情况下，用 JavaScript 操作 DOM 更新页面。因此在读取数据的过程中，用户所面对的不是白屏，而是原来的页面内容，只有在数据接收完毕之后才更新相应部分的内容。这种更新是瞬间的，用户几乎感觉不到。

(3) 可以把以前一些服务器负担的工作转移到客户端，利用客户端闲置的能力来处理，减轻服务器负担，充分利用带宽资源，节约空间和宽带租用成本。

(4) AJAX 技术是基于标准化的并被广泛支持的技术，不需要装载插件或者小程序。

6.3 AJAX 技术的组成要素

AJAX 是一种技术,组成这种技术的要素主要有 JavaScript 脚本语言、CSS 样式表、XMLHttpRequest 数据交换对象和 DOM 文档对象、XML、XHTML 以及 XSLT 转换。

在基于 AJAX 的应用中，Garrett 所定义的 7 项技术并不一定会全部用到，但是 XMLHttpRequest 对象却是实现 AJAX 应用必不可少的核心技术。客户端的脚本采用 JavaScript 实现,AJAX 从本质上说是客户端的技术,因此对于开发人员而言,JavaScript 编程尤其是 JavaScript 面向对象编程技术的要求是比较高的。除了 XMLHttpRequest 和 JavaScript 之外，其他的 5 项技术虽然在每一个 AJAX 应用中不一定会用到，但是也是非常有用的工具，是否使用及如何使用它们需要考虑实际应用的需要。

1. JavaScript 脚本

JavaScript 是 AJAX 技术的主要开发语言，将其开发的代码嵌入浏览器中，并利用它开发相应的程序，与浏览器内建的一些功能进行交互。如果想使用 AJAX 开发出真正美观的且易于扩展的程序，则掌握好 JavaScript 面向对象的技术是非常关键的。在 AJAX 中，JavaScript 用来定义业务规则和程序流程，就像三层结构中的业务逻辑层，是 AJAX 技术不可缺少的部分。

2. XML

XML(eXtensible Markup Language，可扩展的标记语言)是一种开放的、可扩展的、可自描述的语言结构，它已经成为网络中数据和文档传输的标准。XML 是用来描述数据结构的一种语言，它使得某些结构化数据的定义更加容易，可以通过它来与其他应用程序进行数据交换。

在 AJAX 应用中，XML 主要用于处理服务器返回的数据。服务器返回的数据既可以是普通文本，也可以是 XML 形式的。使用 XML 文档确实有其方便之处，但是它会在一定程度上影响服务器的响应速度，遇到以下情况时可以考虑使用 XML 作为数据表示的介质。

- 数据比较复杂，需要用 XML 的结构化方式来表示。

- 与系统其他 API 或者其他系统交互，作为一种数据中转介质。
- 需要特定格式的输出视图而无法用文本表示。

3. XMLHttpRequest 数据交换对象

AJAX 应用的特点之一就是无须刷新页面即可向服务器传输或者读写数据(又称无刷新更新页面)，这一特点主要得益于 XMLHttpRequest 对象。这样就可以像桌面应用程序一样，只同服务器进行数据层面的交换，而不用每次都刷新页面，也不用每次将数据处理的工作提交给服务器来做。这样既减轻了服务器的负担又加快了响应速度，缩短了用户等候的时间。

最早应用 XMLHttp 组件的是微软公司。IE(IE 5.0 以上)通过允许开发人员在 Web 页面内部使用 XMLHttp ActiveX 组件来扩展自身的功能，开发人员不用通过当前的 Web 页面导航而直接传输数据到服务器上或者从服务器取回数据。这个功能是很重要的，因为它不仅减少了 Web 应用由于无状态连接所导致的麻烦，还可以避免下载冗余的 HTML，从而提高进程的响应速度。

XMLHttpRequest 在 AJAX 技术中是非常重要的一个组件，有关它的使用，我们将在后面的章节中做详细的讲解。

4. DOM 文档对象

DOM(Document Object Model，文档对象模型)提供 HTML 和 XML 文件使用的一组 API。它提供了文件的结构表述，其本质是建立网页与脚本或者程序语言之间沟通的桥梁。凡是 Web 开发人员可以访问的属性、方法及事件都能够以对象的形式来展现，这些对象可以通过 JavaScript 进行访问。

一个用 HTML 或者 XHTML 构建的网页也可以看作是一组结构化的数据，这些数据被封装在 DOM 中。DOM 提供了对于网页中各个对象的读写支持。

6.4 AJAX 异步技术的实现步骤

通过前面的学习，我们知道 AJAX 带来的最大好处就是异步调用和局部刷新。局部刷新比较简单，就是使用 DOM 对象搜索并更改表单中的元素，而异步调用则是借助浏览器中提供的组件。在这一节中我们将通过一个简单的完整示例来学习在 AJAX 中的异步调用。

6.4.1 创建异步调用对象

虽然最早使用异步调用的是 IE 浏览器，但其并没有成为一种标准，所以在创建异步调用对象时，要考虑到不同浏览器调用的组件不同。在 IE 浏览器中，异步调用使用的是 XMLHttp 组件中的 XMLHttpRequest 对象。在 FireFox 或 Netscape 浏览器中则直接使用 XMLHttpRequest 组件。这两种浏览器因使用组件的不同，创建对象的方式也有所不同。

在 IE 浏览器中创建异步调用对象，代码如下：

```
var xmlhttp = new ActiveXObject("Microsoft.XMLHTTP");
```

在 FireFox 或 Netscape 浏览器中创建异步调用对象，代码如下：

```
var xmlhttp = new XMLHttpRequest();
```

由于我们在设计应用程序时并不知道用户实际所使用的浏览器，所以在程序中必须要检查用户的浏览器是支持 ActiveX 类还是 XMLHttpRequest 对象，然后才能正确地初始化该对象。代码实现如下：

```
var xmlhttp;
function createRequest() {
    //基于 Firefox 或 Netscape 的浏览器
    if (window.XMLHttpRequest) {
        //创建异步调用对象
        xmlhttp=new XMLHttpRequest();
    }
    else if(window.ActiveXObject)
    {
        xmlhttp=new ActiveXObject("Microsoft.XMLHTTP");
    }
}
```

6.4.2 加载数据所在的服务器

AJAX 可以从其他网站获取数据，也可以从本地的 XML 文件中获取，加载数据服务器的语法如下：

```
xmlhttp.open(method, url, bool)
```

- 参数 method 表示 HTTP 的请求方法，常用的为 get()和 post()。
- 参数 url 表示数据的地址。如果是本地文件，则指定具体路径；如果位于其他网站，则指定网站的完全 url 地址。
- 参数 bool 表示是否使用异步获取。true 表示异步，false 表示同步。

6.4.3 异步调用服务器状态的变化

一旦客户端开始与服务器端进行交互，要控制客户端的改变，就需要判断目前交互的状态。表 6-1 列出的是异步调用在与服务器交互时的 5 种状态。

表 6-1

状态编号	说　明	交互状态描述
0	未初始化	异步对象创建完毕，并未使用 open()方法
1	初始化	异步对象创建完毕，并未使用 send()方法发送请求
2	发送数据	send()方法完成，正等待服务器响应
3	数据正在传送	正在接收数据，但并未完成
4	异步调用完成	调用完成，可以使用 ResponseText 和 ResponseXML 获取数据

异步调用在开始请求前，需要先将状态改变时的事件与 JavaScript 定义的方法关联，语法如下：

```
xmlhttp.onreadystatechage = 方法名
```

此方法名必须是在 JavaScript 中已经定义的方法。调用服务器状态变化时的判断代码如下：

```
xmlhttp.onreadystatechange = state;
function state()
{
    //返回的状态码为 200，表示调用成功
    if(xmlhttp.readystate = = 4 && xmlhttp.status = = 200)
    {
        alert("异步调用成功!");
    }
}
```

6.4.4　发出一个 HTTP 请求

当加载完请求的服务内容后，还需要发送一个 HTTP 请求，一般表示请求的数据。这些数据是有选择性的，例如，调用一个网页，不可能把所有的网页数据都下载过来，而是通过在发送请求时设置的参数有选择性地挑选数据。发送请求的语法如下：

```
xmlhttp.send(params)
```

其中，params 表示可选的参数，如果请求数据不需要参数，可以直接在括号中以 null 表示或者不写任何内容。

当系统调用 send()方法后，后台与服务器数据的交互才真正开始，状态编号就开始改变，开发人员可在状态处理方法中处理网站需要的更改。

6.4.5　处理异步获取的数据

最终客户端获取的数据主要有两种类型：文本型和 XML 类型。文本型数据使用

XMLHttp.ResponseText 获取，XML 类型使用 XMLHttp.ResponseXML 获取。通常在获取一个网页内容时，可以使用 ResponseText 属性获取网页中所有的表单内容，然后使用正则表达式从文本中提取所需要的内容。同时也可以使用 ResponseXML 方法返回树形格式的标准 XML 内容，然后使用 XMLDOM 的一些方法或属性提取需要的内容。

下面通过一个较完整的示例，演示 AJAX 的异步调用，为便于大家学习，我们通过两种语言(Java 和.NET)来实现该示例。

1. 需求分析

(1) 本示例实现的是按姓模糊查询员工的基本信息。

(2) 在页面上有一个"文本框"和一个"按钮"，在文本框中填入员工的姓之后，单击按钮时，能够异步获取员工的基本信息。

2. 数据库表结构和表关系的介绍

该示例数据库的名字为 Test，在此数据库中有两张表 Department 和 Employee。表结构和关系如图 6-2 所示。

```sql
--部门信息表
create table Department
(
    D_ID int primary key identity(1,1),
    D_Name varchar(50)
)
insert into Department values('业务部')
insert into Department values('人事部')
insert into Department values('财务部')
insert into Department values('开发部')
insert into Department values('测试部')
--员工信息表
create table Employee
(
    E_ID int primary key identity(1,1),
    E_Name varchar(20) not null,
    E_Sex char(2),
    E_Age int,
    E_Tel varchar(50),
    D_ID int references Department(D_ID) not null
)
```

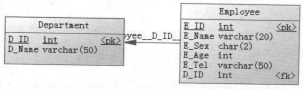

图 6-2

3. 通过.NET 实现此示例

(1) 效果界面。

此示例运行后的效果如图 6-3 所示。

图 6-3

在文本框中输入"姓"后，出现效果如图 6-4 和图 6-5 所示。

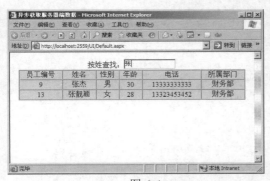
图 6-4

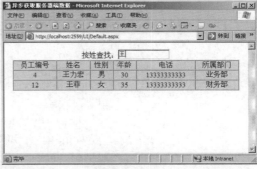
图 6-5

(2) 项目结构。

此示例的项目结构如图 6-6 所示。

图 6-6

(3) 功能代码。

Default.aspx 的功能：用来显示异步获取的数据。

Default.aspx 的 HTML 代码如下：

```
<%@ Page Language="C#" AutoEventWireup="true"  CodeFile="Default.aspx.cs" Inherits="
_Default" %>
```

```
<!DOCTYPE html PUBLIC "-//W3C//DTD XHTML 1.0 Transitional//EN"
"http://www.w3.org/TR/
    xhtml1/DTD/xhtml1-transitional.dtd">
<html xmlns="http://www.w3.org/1999/xhtml">
<head runat="server">
    <title>异步获取服务器端数据</title>
    <script type="text/javascript">
        function GetEmployee() {
            //第一步：创建异步数据交换对象
            var xmlhttp; //xmlhttp 用来存储 XMLHttpRequest 对象
            if (window.XMLHttpRequest) {
                //代表现在用的浏览器不是 IE 5.0、IE 6.0 或更高版本，而是其他类型的浏
                    览器
                xmlhttp = new XMLHttpRequest();
            }
            else {
                //代表现在用的浏览器是 IE 5.0、IE 6.0 或更高版本
                xmlhttp = new ActiveXObject("Microsoft.XMLHTTP");
            }
            //第二步：设置数据交换对象状态改变时的事件处理程序
            xmlhttp.onreadystatechange = function() {
                //匿名方法
                //xmlhttp.readyState==4:代表异步请求已完成
                //xmlhttp.status==200:代表请求已经成功完成
                if ((xmlhttp.readyState == 4) && (xmlhttp.status == 200)) {
                    document.getElementById("div1").innerHTML = xmlhttp.responseText;
                    //获取到服务器返回给客户端的数据
                }
            }
            //第三步：设置请求的 URL
            var url = encodeURI("EmployeeHandler.ashx?name=" + document.getElement-
            ById("txtName").value);
            xmlhttp.open("get", url, true);
            //第四步：浏览器向服务器发送请求
            xmlhttp.send();
            //第五步：客户端处理异步请求返回的数据
        }
    </script>
</head>
<body>
    <form id="form1" runat="server">
    <div align="center">
```

```
        <div>
            按姓查找：
            <asp:TextBox ID="txtName" runat="server" Width="108px"
onkeyup="GetEmployee()">
            </asp:TextBox>
        </div>
        <div id="div1">
        </div>
    </div>
    </form>
</body>
</html>
```

存储在 Web.config 里的数据库连接字符串：

```
<connectionStrings>
    <add name="TestConnectionString" connectionString="Data Source=.;Initial Catalog=Test;
Integrated Security=True"
        providerName="System.Data.SqlClient" />
</connectionStrings>
```

EmployeeHandler.ashx 的功能：用来处理异步请求。
EmployeeHandler.ashx 的 C#代码如下：

```
<%@ WebHandler Language="C#" Class="EmployeeHandler" %>

using System;
using System.Web;
using System.Text;
using System.Data;
using System.Data.SqlClient;
using System.Configuration;
public class EmployeeHandler : IHttpHandler
{

    public void ProcessRequest(HttpContext context)
    {
        string connString =
ConfigurationManager.ConnectionStrings["TestConnectionString"]
                        .ConnectionString;
        string name = context.Request["name"];
        StringBuilder sb = new StringBuilder();
        sb.Append(@"<table align=""center"" bgcolor=""#FFCCFF"" border=""1""
cellspacing=""0""
```

```
                              width=""500"">
                              <tr>
                                      <td>
                                              员工编号</td>
                                      <td>
                                              姓名</td>
                                      <td>
                                              性别</td>
                                      <td>
                                              年龄</td>
                                      <td>
                                              电话</td>
                                      <td>
                                              所属部门</td>
                              </tr>");
                string sql = "select E_ID,E_Name,E_Sex,E_Age,E_Tel,Employee.D_ID,D_Name from
                Employee inner join Department on Employee.D_ID=Department.D_ID where E_Name
                like "+@E_Name+'%'";
                SqlParameter[] para = { new SqlParameter("E_Name",name) };
                SqlDataAdapter da = new SqlDataAdapter(sql, connString);
                DataTable dt = new DataTable();
                if (para != null)
                {
                    da.SelectCommand.Parameters.AddRange(para);
                }
                da.Fill(dt);
                foreach (DataRow dr in dt.Rows)
                {
                    sb.Append("<tr>");
                    sb.Append("<td>"+dr["E_ID"]+"</td>");
                    sb.Append("<td>"+dr["E_Name"]+"</td>");
                    sb.Append("<td>"+dr["E_Sex"]+"</td>");
                    sb.Append("<td>"+dr["E_Age"]+"</td>");
                    sb.Append("<td>"+dr["E_Tel"]+"</td>");
                    sb.Append("<td>"+dr["D_Name"]+"</td>");
                    sb.Append("</tr>");
                }
                sb.Append("</table>");
                context.Response.Write(sb.ToString());
            }

            public bool IsReusable
            {
```

```
            get
            {
                return false;
            }
        }

    }
```

4. 通过 Java 实现此示例

(1) 效果界面。

此示例运行后的效果如图 6-7 所示。

图 6-7

在文本框中输入员工的姓后，出现效果如图 6-8 和图 6-9 所示。

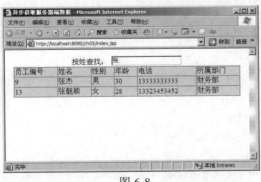

图 6-8

图 6-9

(2) 项目结构。

此示例的项目结构如图 6-10 所示。

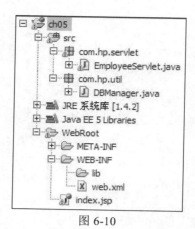

图 6-10

(3) 功能代码。

index.jsp 的功能：用来显示异步获取的数据。

index.jsp 的 HTML 代码如下：

```jsp
<%@ page language="java" import="java.util.*" pageEncoding="UTF-8"%>
<jsp:directive.page import="com.hp.servlet.*" />
<!DOCTYPE HTML PUBLIC "-//W3C//DTD HTML 4.01 Transitional//EN">
<html>
    <head>
        <title>异步获取服务器端数据</title>
        <meta http-equiv="pragma" content="no-cache">
        <meta http-equiv="cache-control" content="no-cache">
        <meta http-equiv="expires" content="0">
        <meta http-equiv="keywords" content="keyword1,keyword2,keyword3">
        <meta http-equiv="description" content="This is my page">

        <script type="text/javascript">
        function GetEmployee() {

            //第一步：创建异步数据交换对象
            var xmlhttp; //xmlhttp 用来存储 XMLHttpRequest 对象
            if (window.XMLHttpRequest) {
                //代表现在用的浏览器不是 IE 5.0、IE 6.0 或更高版本，而是其他类型的浏览器
                xmlhttp = new XMLHttpRequest();
            }
            else {
                //代表现在用的浏览器是 IE 5.0、IE 6.0 或更高版本
                xmlhttp = new ActiveXObject("Microsoft.XMLHTTP");
            }
            //第二步：设置数据交换对象状态改变时的事件处理程序
            xmlhttp.onreadystatechange = function() {
```

```
                        //匿名方法
                        //xmlhttp.readyState==4:代表异步请求已完成
                        //xmlhttp.status==200:代表请求已经成功完成
                        if ((xmlhttp.readyState == 4) && (xmlhttp.status == 200)) {
                                document.getElementById("div1").innerHTML = xmlhttp.responseText;
                                //获取到服务器返回给客户端的数据
                        }
                }
                //第三步：设置请求的 URL
                var url =
encodeURI("<%=request.getContextPath()%>/EmployeeServlet?name=" +
                document.getElementById("txtName").value);
                xmlhttp.open("post", url, true);
                //第四步：浏览器向服务器发送请求
                xmlhttp.send();
                //第五步：客户端处理异步请求返回的数据
        }
    </script>
    </head>

    <body>
        <form id="form1" runat="server">
            <div align="center">
                <div>
                        按姓查找：
                        <input type="text" id="txtName" Width="108px"
onkeyup="GetEmployee()" />
                </div>
                <div id="div1">
                </div>
            </div>
        </form>
    </body>
</html>
```

DBManager.java 的功能：管理数据库的连接。
DBManager 的 Java 代码如下：

```java
package com.hp.util;
import java.sql.*;
public class DBManager {
    private static final String DRIVER_CLASS =
"com.microsoft.sqlserver.jdbc.SQLServerDriver";
    private static final String DB_URL =
```

```java
"jdbc:sqlserver://localhost:1033;DataBaseName=Test";
        private static final String DB_USER = "sa";
        private static final String DB_PWD = "sa";


    /*
     * 得到连接对象
     */

    public static Connection getConnection() {
        Connection conn = null;// 连接对象
        try {
            Class.forName(DRIVER_CLASS);
            conn = DriverManager.getConnection(DB_URL, DB_USER, DB_PWD);
        } catch (Exception ex) {
            ex.printStackTrace();
        }
        return conn;
    }


    /*
     * 关闭连接对象
     */
    public static void closeConnection(Connection conn) {
        try {
            if ((conn != null) && (!conn.isClosed())) {
                conn.close();
            }
        } catch (Exception ex) {
            ex.printStackTrace();
        }
    }


    /*
     * 关闭结果集
     */
    public static void closeResultSet(ResultSet rs) {
        try {
            if (rs != null) {
                rs.close();
            }
        } catch (Exception ex) {
            ex.printStackTrace();
        }
```

```
        }

        /*
         * 关闭命令对象
         */
        public static void closePreparedStatement(PreparedStatement ps) {
            try {
                if (ps != null) {
                    ps.close();
                }
            } catch (Exception ex) {
                ex.printStackTrace();
            }
        }
    }
```

EmployeeServlet 的功能：用来处理异步请求。

EmployeeServlet 的 Java 代码如下：

```java
package com.hp.servlet;
import java.io.IOException;
import java.io.PrintWriter;
import javax.servlet.ServletException;
import javax.servlet.http.HttpServlet;
import javax.servlet.http.HttpServletRequest;
import javax.servlet.http.HttpServletResponse;
import java.sql.Connection;
import java.sql.PreparedStatement;
import java.sql.ResultSet;
import java.sql.SQLException;
import com.hp.util.*;
public class EmployeeServlet extends HttpServlet {

    public EmployeeServlet() {
        super();
    }

    public void destroy() {
        super.destroy(); // Just puts "destroy" string in log
        // Put your code here
    }

    public void doGet(HttpServletRequest request, HttpServletResponse response)
            throws ServletException, IOException {
```

```java
        }

    public void doPost(HttpServletRequest request, HttpServletResponse response)
            throws ServletException, IOException {
        response.setContentType("text/html;charset=gbk");
        String name = request.getParameter("name");
        name = new String(name.getBytes("iso-8859-1"), "UTF-8");
        PrintWriter out = response.getWriter();
        Connection conn = DBManager.getConnection();
        PreparedStatement ps = null;
        ResultSet rs = null;
        String sql = "select E_ID,E_Name,E_Sex,E_Age,E_Tel,Employee.D_ID,D_Name from
        Employee inner join Department on Employee.D_ID=Department.D_ID where E_Name like ?";
        try {
            ps = conn.prepareStatement(sql);
            ps.setString(1, name.trim() + "%");
            rs = ps.executeQuery();
            String s = "<table align=\"center\" bgcolor=\"#FFCCFF\" border=\"1\"
cellspacing=\"0\"
            width=\"500\">";
            s += "<tr>";
            s += "<td>员工编号</td>";
            s += "<td>姓名</td>";
            s += "<td>性别</td>";
            s += "<td>年龄</td>";
            s += "<td>电话</td>";
            s += "<td>所属部门</td>";
            s += "</tr>";
            while (rs.next()) {
                s += "<tr>";
                s += "<td>" + rs.getInt("E_ID") + "</td>";
                s += "<td>" + rs.getString("E_Name") + "</td>";
                s += "<td>" + rs.getString("E_Sex") + "</td>";
                s += "<td>" + rs.getInt("E_Age") + "</td>";
                s += "<td>" + rs.getString("E_Tel") + "</td>";
                s += "<td>" + rs.getString("D_Name") + "</td>";
                s += "</tr>";
            }
            s += "</table>";
            out.println(s);

        } catch (SQLException e) {
```

```
                e.printStackTrace();
        } finally {
                DBManager.closeResultSet(rs);
                DBManager.closePreparedStatement(ps);
                DBManager.closeConnection(conn);
        }
    }
    public void init() throws ServletException {
        // Put your code here
    }
}
```

6.5 使用 AJAX 技术的基本原则

通过上面的介绍，可以看出 AJAX 有很多优点，但也并不能拿来即用。下面介绍 AJAX 具体应用的基本原则。

6.5.1 客户端的应用

提高一个 Web 应用程序的性能，主要是考虑如何快速地响应用户的需求。由于 HTTP 属于无状态协议，也就是说用户每进行一次操作，都要与服务器端交互，用以判断用户的操作，因此为了减少与服务器之间的交互，开发人员大量地使用 JavaScript 代码。当用户初次请求页面时，这些代码随着页面的内容驻留在用户的机器上，这样用户的操作就像在本地操作一样，响应速度快。当用户需要读取服务器的数据时，JavaScript 代码判断是否需要向服务器发出请求，并合理地安排与服务器的交互。

浏览器中的内容一经下载，基本上处于固定数据内容的状态，除了执行一些必要的操作，无须经常性地更改数据，这时可以使用 AJAX 技术实现这种应用。简而言之，就是在客户端需要大量的应用，而数据量改变又不大的情况下，AJAX 技术是合适的选择。

6.5.2 服务器端的应用

在客户端向服务器请求数据时，通常情况下，服务器传回的是整个页面。为了提高服务器端的响应能力，可以使用多种局部刷新技术，这些都可以缓解响应速度的压力，但最好的还是 AJAX 技术，因为它可以按需索取数据。例如，在网上购物时，如果只需要获取订单中商品的数量，则在整个页面中，仅需要修改这一小部分，使用 AJAX 就可以从服务器中只索取商品数量。

通过上面的描述可以发现，当用户初次请求页面后，在以后的操作中，如果数据发生变化，大多数情况只是变化整个页面的一部分，在这种情况下，使用 AJAX

技术可以解决带宽消耗的问题。

6.6 JSON 格式介绍

JSON 是一种用于数据交换的文本格式，诞生于 2001 年，由 Douglas Crockford 提出，目的是取代烦琐的 XML 格式。这种格式不仅让人很容易进行阅读和编写，同时机器也很容易解析和生成，是当前十分流行的数据格式，尤其是在前端领域。

6.6.1 JSON 简介

JSON(JavaScript Object Notation，JavaScript 对象标记法)是一种轻量级(Light-Weight)、基于文本的(Text-Based)、可读的(Human-Readable)格式。JSON 无论对于人还是机器，都是十分便于阅读和书写的，而且相比 XML 其文件更小。JSON 格式的创始人声称此格式永远不升级，这就表示该格式具有长时间的稳定性。JSON 格式有两个显著的优点：①书写简单，一目了然；②符合 JavaScript 原生语法，可以由解释引擎直接处理，不用另外添加解析代码。JSON 已经成为各大网站交换数据的标准格式，并被写入 ECMAScript 5，成为标准的一部分。简单来说，每个 JSON 对象就是一个值，要么是简单类型的值，要么是复合类型的值，但是只能是一个值，不能是两个或更多的值。这就是说，每个 JSON 文档只能包含一个值。

6.6.2 JSON 的语法规则

JSON 的语法规则十分简单，可称得上"优雅完美"，总结起来有以下 5 点。
(1) 数组(Array)用方括号（"[]"）表示。
(2) 对象(Object)用花括号（"{}"）表示。
(3) 名称/值对(name/value)组合成数组和对象。
(4) 名称(name)置于双引号中，值(value)有字符串、数值、布尔值、null、对象和数组。
(5) 并列的数据之间用逗号（","）分隔。
代码如下所示：

```
//JSON 对象
{
    "name": "Geoff Lui",
    "age": 26,
    "isChinese": true
}

// "名称/值对"里，值可以是数组和对象，例如：
```

```
{
    "name": "Geoff Lui",
    "age": 26,
    "isChinese": true,
    "friends":["Lucy", "Lily", "Gwen"],
    "Mother": {
        "name": "Mary Lui",
        "age": 54
    }
}
```

6.6.3　AJAX 与 JSON 的使用

JSON 也是存放数据的一种数据格式，在没有后台端口时，要测试页面数据，就可以选择用 JSON 存放数据。例如，现有一张学生表，需要请求接口读取数据，而正好没有接口可以调用，此时可以建一个 JSON 文件，让页面去请求该 JSON 文件，显示学生信息，具体操作如下。

(1) 新建 HTML 页面，内容如下。

```html
<!DOCTYPE html>
<html>
<head>
    <meta charset="UTF-8">
    <title>ajax 请求显示 json 存放的学生信息</title>
    <script src="js/ jquery-1.12.4.js " charset="utf-8"></script>
</head>
<body>
    <div>
        <table    style="border: 1" id="tb"><tr><td>姓名</td><td>年龄</td></tr></table>
    </div>
</body>
</html>
```

(2) 新建一个 json 数据，存放学生信息，取名为 json.json，内容如下。

```
[{"name":"minmin","age":"21"},{"name":"huahua","age":"22"},{"name":"jiji","age":"23"}]
```

(3) 使用 ajax 请求，将数据显示在页面上，在 html 文件中写 js 文件，内容如下，效果显示如图 6-11 所示。

```javascript
<script>
        window.onload=function(){
            $.ajax({
                type: "GET",
```

```
                        url: "json.json",
                        dataType: "json",
                        success: function(result){
                            let json=result;
                            console.log(json);
                            for(i=0;i<json.length;i++){
                                var trTD = "<tr><td>"+json[i].name+"</td><td>"+json[i]. age+"
</td></tr>";
                                $("#tb").append(trTD);
                            }
                        },
                        error: function(){
                            alert("失败了");
                        }
                    });
                };
        </script>
```

图 6-11

【单元小结】

- 了解什么是 AJAX。
- 了解 AJAX 的组成要素。
- 掌握 AJAX 的实现步骤。

【单元自测】

1. 下列对 AJAX 技术的描述正确的是(   )。

   A. AJAX 是一种新技术

   B. AJAX 是一种新语言

   C. AJAX 是多种技术的综合应用，用于实现页面的部分刷新

2. 下列说法中正确的是( )。

    A. AJAX 需要服务器端支持   B. AJAX 不需要服务器端支持

3. 异步调用在与服务器交互时的 5 种状态中返回值 "4" 表示( )。

    A. 初始化   B. 发送数据

    C. 数据正在传送   D. 异步调用完成

4. AJAX 技术的要素有( )。

    A. JavaScript 脚本语言   B. XMLHttpRequest 数据交换对象

    C. XML   D. Asp.net

5. 使用 AJAX 可以带来的好处有( )。

    A. 减轻服务器的负担

    B. 无须刷新页面，减少用户实际的等待时间

    C. 增加了服务器端的负担

【上机实战】

上机目标

- 理解 AJAX 的基本原理。
- 掌握 AJAX 的实现过程。

上机练习

◆ 第一阶段 ◆

练习：检查用户名是否可用

【问题描述】

用户在网上注册时，经常需要检查用户名是否可用，那么这个提示功能是怎样实现的？下面我们通过.NET 和 Java 语言分别实现这个功能。

(1) 数据库表结构和表关系的介绍。

该练习数据库的名字为 SMS，在此数据库中有一张表 Users。表结构如下：

```
--用户信息表
create table Users
(
```

```
        U_ID int primary key identity(1,1),
        U_Name varchar(20) not null,
        U_Pwd    varchar(50) not null
)
insert into Users values('tom','123456')
insert into Users values('lily','123456')
insert into Users values('lucy','123456')
```

从上表我们可以看出数据库里已经有 3 个用户，分别为 tom、lily 和 lucy。记住这 3 个用户名方便我们后续的操作。

(2) .NET 实现的效果如图 6-12 所示。

图 6-12

① 当用户在文本框中填写 koko 时，文本框失去焦点后的效果如图 6-13 所示。

② 当用户在文本框中填写 tom 时，文本框失去焦点后的效果如图 6-14 所示。

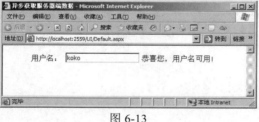 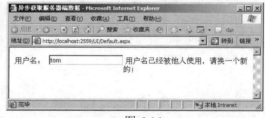

图 6-13   图 6-14

(3) 使用 Java 语言实现的效果如图 6-15 所示。

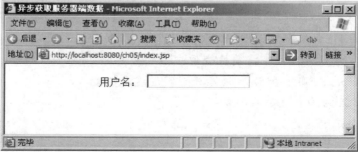

图 6-15

① 当用户在文本框中填写 koko 时，文本框失去焦点后的效果如图 6-16 所示。

② 当用户在文本框中填写 tom 时，文本框失去焦点后的效果如图 6-17 所示。

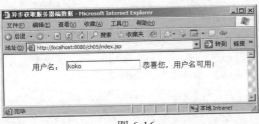

图 6-16

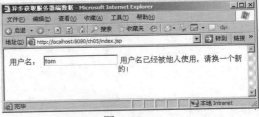

图 6-17

【参考步骤】

(1) 通过.NET 实现的参考步骤。

① 项目结构。

此示例的项目结构如图 6-18 所示。

图 6-18

② 功能代码。

Default.aspx 的功能：用来显示异步获取的数据。

Default.aspx 的 HTML 代码如下：

```
<%@ Page Language="C#" AutoEventWireup="true"    CodeFile="Default.aspx.cs"
Inherits="_Default" %>

<!DOCTYPE html PUBLIC "-//W3C//DTD XHTML 1.0 Transitional//EN"
"http://www.w3.org/
    TR/xhtml1/DTD/xhtml1-transitional.dtd">

<html xmlns="http://www.w3.org/1999/xhtml">
<head runat="server">
    <title>异步获取服务器端数据</title>
    <script type="text/javascript">
        function CheckNameIsExists() {
            //第一步：创建异步数据交换对象
            var xmlhttp; //xmlhttp 用来存储 XMLHttpRequest 对象
```

```
            if (window.XMLHttpRequest) {
                    //代表现在用的浏览器不是 IE 5.0、IE 6.0 或更高版本，而是其他类型的
                    浏览器
                    xmlhttp = new XMLHttpRequest();
            }
            else {
                    //代表现在用的浏览器是 IE 5.0、IE 6.0 或更高版本
                    xmlhttp = new ActiveXObject("Microsoft.XMLHTTP");
            }
            //第二步：设置数据交换对象状态改变时的事件处理程序
            xmlhttp.onreadystatechange = function() {
                    //匿名方法
                    //xmlhttp.readyState==4:代表异步请求已完成
                    //xmlhttp.status==200:代表请求已经成功完成
                    if ((xmlhttp.readyState == 4) && (xmlhttp.status == 200)) {
                            if (xmlhttp.responseText == "true")//获取到服务器返回给客户端的
                                                                数据
                            {
                                    document.getElementById("span1").innerHTML = "用户名已经被
                                                    他人使用，请
                                                    换一个新的！";
                            }
                            else {
                                    document.getElementById("span1").innerHTML = "恭喜您，用户名
                                                    可用！";
                            }
                    }
            }
            //第三步：设置请求的 URL
            var url = encodeURI("UsersHandler.ashx?name=" + document.getElementById
                ("txtName").value);
            xmlhttp.open("get", url, true);
            //第四步：浏览器向服务器发送请求
            xmlhttp.send();
            //第五步：客户端处理异步请求返回的数据
        }
    </script>
</head>
<body>
    <form id="form1" runat="server">
    <div align="center">
        <div>
            用户名：
```

```
                <input type="text" id="txtName" Width="108px"
onblur="CheckNameIsExists()"/>
                <span id="span1"></span>
            </div>
        </div>
        </form>
    </body>
    </html>
```

存储在 Web.config 里的数据库连接字符串：

```
<connectionStrings>
    <add name="SMSConnectionString" connectionString="Data Source=.;Initial
Catalog=SMS;
                Integrated Security=True"
        providerName="System.Data.SqlClient" />
</connectionStrings>
```

UsersHandler.ashx 的功能：用来处理异步请求。

UsersHandler.ashx 的 C#代码如下：

```csharp
<%@ WebHandler Language="C#" Class="UsersHandler" %>

using System;
using System.Web;
using System.Text;
using System.Data;
using System.Data.SqlClient;
using System.Configuration;
public class UsersHandler : IHttpHandler
{

    public void ProcessRequest(HttpContext context)
    {
        string connString = ConfigurationManager.ConnectionStrings["SMSConnectionString"].
        ConnectionString;
        string name = context.Request["name"];
        string sql = "select count(*) from Users where U_Name=@U_Name";
        SqlParameter[] para = { new SqlParameter("U_Name",name) };
        SqlDataAdapter da = new SqlDataAdapter(sql, connString);
        DataTable dt = new DataTable();
        if (para != null)
        {
            da.SelectCommand.Parameters.AddRange(para);
```

```
                }
                da.Fill(dt);
                int count = Convert.ToInt32(dt.Rows[0][0]);
                context.Response.Write(count > 0 ? "true" : "false");
            }
        public bool IsReusable
        {
            get
            {
                return false;
            }
        }
    }
```

(2) 通过 Java 语言实现的参考步骤。

① 项目结构。

此示例的项目结构如图 6-19 所示。

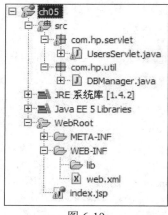

图 6-19

② 功能代码。

index.jsp 的功能：用来显示异步获取的数据。

index.jsp 的 HTML 代码如下：

```
<%@ page language="java" import="java.util.*" pageEncoding="UTF-8"%>
<jsp:directive.page import="com.hp.servlet.*" />
<!DOCTYPE HTML PUBLIC "-//W3C//DTD HTML 4.01 Transitional//EN">
<html>
    <head>
        <title>异步获取服务器端数据</title>
        <meta http-equiv="pragma" content="no-cache">
        <meta http-equiv="cache-control" content="no-cache">
```

```
<meta http-equiv="expires" content="0">
<meta http-equiv="keywords" content="keyword1,keyword2,keyword3">
<meta http-equiv="description" content="This is my page">

<script type="text/javascript">
function CheckNameIsExists() {

    //第一步：创建异步数据交换对象
    var xmlhttp; //xmlhttp 用来存储 XMLHttpRequest 对象
    if (window.XMLHttpRequest) {
        //代表现在用的浏览器不是 IE 5.0、IE 6.0 或更高版本，而是其他类型的浏览器
        xmlhttp = new XMLHttpRequest();
    }
    else {
        //代表现在用的浏览器是 IE 5.0、IE 6.0 或更高版本
        xmlhttp = new ActiveXObject("Microsoft.XMLHTTP");
    }
    //第二步：设置数据交换对象状态改变时的事件处理程序
    xmlhttp.onreadystatechange = function() {
        //匿名方法
        //xmlhttp.readyState==4:代表异步请求已完成
        //xmlhttp.status==200:代表请求已经成功完成
        if ((xmlhttp.readyState == 4) && (xmlhttp.status == 200)) {
            alert(xmlhttp.responseText);
            if(xmlhttp.responseText=="true")//获取到服务器返回给客户端的数据
            {
                document.getElementById("span1").innerHTML ="用户名已经
                                        被他人使用，请换一个新的！";
            }
            else
            {
                document.getElementById("span1").innerHTML ="恭喜您，用户
                                        名可用！";
            }
        }
    }
    //第三步：设置请求的 URL
    var url = encodeURI("<%=request.getContextPath()%>/UsersServlet?name=" +
    document.getElementById("txtName").value);
    xmlhttp.open("post", url, true);
    //第四步：浏览器向服务器发送请求
    xmlhttp.send();
    //第五步：客户端处理异步请求返回的数据
```

```
                }
            </script>
        </head>

        <body>
            <form id="form1" runat="server">
                <div align="center">
                    <div>
                        用户名：
                        <input type="text" id="txtName" Width="108px"
onblur="CheckNameIsExists()"  />
                        <span id="span1"></span>
                    </div>

                    </div>
            </form>
        </body>
    </html>
```

DBManager.java 的功能：管理数据库的连接。

DBManager 的 Java 代码如下：

```java
package com.hp.util;
import java.sql.*;
public class DBManager {
    private static final String DRIVER_CLASS =
"com.microsoft.sqlserver.jdbc.SQLServerDriver";
    private static final String DB_URL =
"jdbc:sqlserver://localhost:1033;DataBaseName=Test";
    private static final String DB_USER = "sa";
    private static final String DB_PWD = "sa";

    /*
     * 得到连接对象
     */

    public static Connection getConnection() {
        Connection conn = null;// 连接对象
        try {
            Class.forName(DRIVER_CLASS);
            conn = DriverManager.getConnection(DB_URL, DB_USER, DB_PWD);
        } catch (Exception ex) {
            ex.printStackTrace();
        }
```

```java
        return conn;
    }

    /*
     * 关闭连接对象
     */
    public static void closeConnection(Connection conn) {
        try {
            if ((conn != null) && (!conn.isClosed())) {
                conn.close();
            }
        } catch (Exception ex) {
            ex.printStackTrace();
        }
    }

    /*
     * 关闭结果集
     */
    public static void closeResultSet(ResultSet rs) {
        try {
            if (rs != null) {
                rs.close();
            }
        } catch (Exception ex) {
            ex.printStackTrace();
        }
    }

    /*
     * 关闭命令对象
     */
    public static void closePreparedStatement(PreparedStatement ps) {
        try {
            if (ps != null) {
                ps.close();
            }
        } catch (Exception ex) {
            ex.printStackTrace();
        }
    }
}
```

UsersServlet 的功能：用来处理异步请求。

UsersServlet 的 Java 代码如下：

```java
package com.hp.servlet;

import java.io.IOException;
import java.io.PrintWriter;
import javax.servlet.ServletException;
import javax.servlet.http.HttpServlet;
import javax.servlet.http.HttpServletRequest;
import javax.servlet.http.HttpServletResponse;
import java.sql.Connection;
import java.sql.PreparedStatement;
import java.sql.ResultSet;
import java.sql.SQLException;
import com.hp.util.*;

public class UsersServlet extends HttpServlet {

    public UsersServlet() {
        super();
    }

    public void destroy() {
        super.destroy(); // Just puts "destroy" string in log
        // Put your code here
    }

    public void doGet(HttpServletRequest request, HttpServletResponse response)
            throws ServletException, IOException {

    }

    public void doPost(HttpServletRequest request, HttpServletResponse response)
            throws ServletException, IOException {
        response.setContentType("text/html;charset=gbk");
        String name = request.getParameter("name");
        name = new String(name.getBytes("iso-8859-1"), "UTF-8");
        PrintWriter out = response.getWriter();
        Connection conn = DBManager.getConnection();
        PreparedStatement ps = null;
        ResultSet rs = null;
        String sql = "select count(*) from Users where U_Name=?";
        try {
```

```
                    ps = conn.prepareStatement(sql);
                    ps.setString(1, name.trim());
                    rs = ps.executeQuery();
                    int count = 0;
                    while (rs.next()) {
                            count=rs.getInt(1);
                    }
                    out.print(count>0?"true":"false");

            } catch (SQLException e) {
                e.printStackTrace();
            } finally {
                DBManager.closeResultSet(rs);
                DBManager.closePreparedStatement(ps);
                DBManager.closeConnection(conn);

            }
        }

        public void init() throws ServletException {
            // Put your code here
        }

    }
```

◆　第二阶段　◆

练习：通过 AJAX 实现用户的查询

【拓展作业】

1. 通过 AJAX 实现用户的添加。
2. 通过 AJAX 实现用户的修改。
3. 下面不属于 jQuery 的 AJAX 全局事件的是(　　　　)。
   A. ajaxComplete(callback)　　　　　　　B. ajaxSuccess(callback)
   C. $.post(url)　　　　　　　　　　　　　D. ajaxSend(callback)
4. 获取<div id="content">内容…</div>标签里的文本内容，应该使用(　　　　)。
   A. $("#content").val();　　　　　　　　B. $("#content").html();
   C. $("#content").text();　　　　　　　　D. $("#content").innerHTML();

jQuery AJAX 的应用

单元 七

课程目标

▶ 了解 jQuery AJAX

▶ 理解并掌握常用 jQuery AJAX 函数

 简介

在前面的章节中，我们系统地学习了 jQuery 和 AJAX 的基本知识，实际上 jQuery 提供了用于 AJAX 开发的丰富的函数(方法)库。通过 jQuery AJAX，使用 HTTP GET 和 HTTP POST，我们都可以从远程服务器请求 TXT、HTML、XML 或 JSON，而且可以直接把远程数据载入网页的被选 HTML 元素中。

使用 jQuery 将使 AJAX 变得极其简单。jQuery 提供的函数可以使简单的工作变得更加简单，复杂的工作变得不再复杂。表 7-1 所示为 jQuery AJAX 常用的函数。

表 7-1

函　数	功能描述
jQuery.ajax()	执行异步 HTTP(AJAX)请求
.ajaxComplete()	当 AJAX 请求完成时注册要调用的处理程序。这是一个 AJAX 事件
.ajaxError()	当 AJAX 请求完成且出现错误时注册要调用的处理程序。这是一个 AJAX 事件
.ajaxSend()	在 AJAX 请求发送之前显示一条消息
jQuery.ajaxSetup()	设置将来的 AJAX 请求的默认值
.ajaxStart()	当首个 AJAX 请求完成开始时注册要调用的处理程序。这是一个 AJAX 事件
.ajaxStop()	当所有 AJAX 请求完成时注册要调用的处理程序。这是一个 AJAX 事件
.ajaxSuccess()	当 AJAX 请求成功完成时显示一条消息
jQuery.get()	使用 HTTP GET 请求从服务器加载数据
jQuery.getJSON()	使用 HTTP GET 请求从服务器加载 JSON 编码数据
jQuery.getScript()	使用 HTTP GET 请求从服务器加载 JavaScript 文件，然后执行该文件
.load()	从服务器加载数据，然后把返回的 HTML 放入匹配元素
jQuery.param()	创建数组或对象的序列化表示，适合在 URL 查询字符串或 AJAX 请求中使用
jQuery.post()	使用 HTTP POST 请求从服务器加载数据
.serialize()	将表单内容序列化为字符串
.serializeArray()	序列化表单元素，返回 JSON 数据结构数据

其中各函数的参数意义如下。

- (url)被加载的数据的 URL(地址)。
- (data)发送到服务器的数据的键/值对象。
- (callback)当数据被加载时，所执行的函数。
- (type)被返回的数据的类型(html、xml、json、jasonp、script、text)。
- (options)完整 AJAX 请求的所有键/值对选项。

接下来我们通过示例来看一下每个函数的使用方法和功能。为了让大家对 jQuery

AJAX 有一个清楚的认识，本单元讲解的示例需要用到数据库。

数据库表结构和表关系的介绍如下。

该示例数据库的名字为 SMS，在此数据库中有一张表 Users。表结构如下：

```
--用户信息表
create table Users
(
    U_ID int primary key identity(1,1),
    U_Name varchar(20) not null,
    U_Pwd    varchar(50) not null
)
insert into Users values('tom','123456')
insert into Users values('lily','123456')
insert into Users values('lucy','123456')
```

在接下来的讲解中，我们会通过 jQuery 的不同函数来实现异步地向表 Users 添加用户。

此程序设计界面如图 7-1 所示。

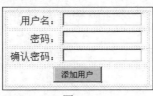

图 7-1

7.1　$.Load()方法

1. 功能描述

载入远程 HTML 文件代码并插入 DOM 中。

2. 调用语法

```
$.load(url,[data],[callback])
```

3. 详细说明

$.load()方法是最简单的从服务器获取数据的方法。它几乎与$.get(url, data, success)等价，不同的是它不是全局函数，并且它拥有隐式的回调函数。当侦测到成功的响应时(例如，当 textStatus 为 success 或 notmodified 时)，.load()方法将匹配元素的 HTML 内容设置为返回的数据。

4. 参数描述

- url (String)：待装入的 HTML 网页网址。
- data (Map)：(可选)发送至服务器的 key/value 数据。
- callback (Callback)：(可选)载入成功时回调函数。

5. 示例

HTML 页面代码如示例 7.1 所示。

示例 7.1：

```
<!DOCTYPE html>
<html xmlns="http://www.w3.org/1999/xhtml">
<head>
    <meta charset="UTF-8" />
    <title>load()方法实现 AJAX 功能</title>
    <script type="text/javascript" src="script/jquery-1.12.4.js"></script>
    <script type="text/javascript">
        $(function() {
            $("#Button1").click(function() { //按钮单击事件
                $("#divTip").load("a.html"); //load()方法加载数据
            });
        });
    </script>
</head>
<body>
    <div class="divFrame">
        <div class="divTitle">
            <input id="Button1" type="button" class="btn" value="获取数据" />
        </div>
        <div class="divContent">
            <div id="divTip">
            </div>
        </div>
    </div>
</body>
</html>
```

7.2 $.getJSON()方法

1. 功能描述

通过 HTTP GET 请求载入 JSON 数据。

2. 调用语法

```
$.getJSON(url,[data],[callback])
```

3. 详细说明

该函数是简写的 AJAX 函数，等价于：

```
$.ajax({
    url: url,
    data: data,
    success: callback,
    dataType: json
});
```

发送到服务器的数据可作为查询字符串附加到 URL 后面。如果 data 参数的值是对象(映射)，那么在附加到 URL 之前将转换为字符串，并进行 URL 编码。传递给 callback 的返回数据，可以是 JavaScript 对象或以 JSON 结构定义的数组，并使用$.parseJSON()方法进行解析。

4. 参数描述

(1) url (String)：发送请求地址。

(2) data (Map)：(可选)待发送 key/value 参数。

(3) callback (Function)：(可选)载入成功时回调函数。

5. 示例

(1) 功能描述。

创建一个 JSON 格式的文件 UserInfo.json，用于保存人员资料信息。另外，新建一个页面，当单击页面中的"获取数据"按钮时，将通过全局函数 getJSON()获取文件 UserInfo.json 中的全部数据，并展示在页面中。

(2) 实现代码。

HTML 页面代码如示例 7.2 所示。

示例 7.2：

```
<!DOCTYPE html>
<html xmlns="http://www.w3.org/1999/xhtml">
<head>
    <meta charset="UTF-8" />
    <title>getJSON()函数获取数据</title>

    <script type="text/javascript" src="script/jquery-1.12.4.js"></script>

    <script type="text/javascript">
        $(function() {
```

```
        $("#Button1").click(function() { //按钮单击事件
            //打开文件，并通过回调函数处理获取的数据
            $.getJSON("UserInfo.json", function(data) {
                $("#divTip").empty(); //先清空标记中的内容
                var strHTML = ""; //初始化保存内容变量
                $.each(data, function(InfoIndex, Info) { //遍历获取的数据
                    strHTML += "姓名：" + Info["name"] + "<br>";
                    strHTML += "性别：" + Info["sex"] + "<br>";
                    strHTML += "邮箱：" + Info["email"] + "<hr>";
                })
                $("#divTip").html(strHTML); //显示处理后的数据
            })
        })
    })
    </script>
</head>
<body>
    <div class="divFrame">
        <div class="divTitle">
            <input id="Button1" type="button" class="btn" value="获取数据" />
        </div>
        <div id="divTip">
        </div>
    </div>
</body>
</html>
```

UserInfo.json 代码如下：

```
[
  {
    "name": "陶国荣",
    "sex": "男",
    "email": "tao_guo_rong@163.com"
  },
  {
    "name": "李建洲",
    "sex": "女",
    "email": "xiaoli@163.com"
  }
]
```

(3) 页面效果。

此示例页面运行效果如图 7-2 所示。

当单击"获取数据"按钮后，效果如图 7-3 所示。

图 7-2

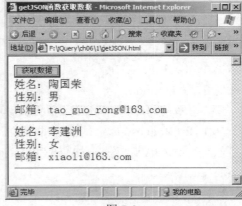
图 7-3

7.3　$.ajax()方法

1. 功能描述

通过 HTTP 请求加载远程数据。

2. 调用语法

```
jQuery.ajax(options)
```

3. 详细说明

jQuery 底层 AJAX 实现。简单易用的请求方式见$.get、$.post 等。

$.ajax()返回其创建的 XMLHttpRequest 对象。大多数情况下无须直接操作该对象，但特殊情况下可用于手动终止请求。

$.ajax()只有一个参数：key/value 对象，包含各配置及回调函数信息。详细参数选项见下。

4. 参数描述

(1) options。

类型：Object

可选。AJAX 请求设置。所有选项都是可选的。

(2) async。

类型：Boolean

默认值为 true。默认设置下，所有请求均为异步请求。如果需要发送同步请求，请将此选项设置为 false。

注意 ---

> 同步请求将锁住浏览器，用户其他操作必须等待请求完成才可以执行。

(3) beforeSend(XHR)。

类型：Function

发送请求前可修改 XMLHttpRequest 对象的函数，如添加自定义 HTTP 头。

XMLHttpRequest 对象是唯一的参数。

这是一个 AJAX 事件。如果返回 false，则可以取消本次 AJAX 请求。

(4) cache。

类型：Boolean

默认值为 true，dataType 为 script 和 jsonp 时默认为 false。设置为 false 将不缓存此页面。

(5) complete(XHR, TS)。

类型：Function

请求完成后回调函数(请求成功或失败之后均调用)。

参数：XMLHttpRequest 对象和一个描述请求类型的字符串。

这是一个 AJAX 事件。

(6) contentType。

类型：String

默认值：application/x-www-form-urlencoded。发送信息至服务器时的内容编码类型。

默认值适用于大多数情况。如果明确地传递了一个 contentType 给$.ajax()，那么它必定会发送给服务器(即使没有数据要发送)。

(7) context。

类型：Object

这个对象用于设置 AJAX 相关回调函数的上下文。也就是说，让回调函数内的 this 指向这个对象(如果不设定这个参数，那么 this 就指向调用本次 AJAX 请求时传递的 options 参数)。例如，指定一个 DOM 元素作为 context 参数，这样就设置了 success 回调函数的上下文为这个 DOM 元素。

代码如下：

```
$.ajax({ url: "test.html", context: document.body, success: function(){
    $(this).addClass("done");
  }});
```

(8) dataObject。

类型：String

发送到服务器的数据。将自动转换为请求字符串格式。在 GET 请求中将附加在

URL 后。查看 processData 选项说明以禁止此自动转换。必须为 key/value 格式。如果为数组，则 jQuery 将自动为不同值对应同一个名称。例如，将 {foo:["bar1", "bar2"]} 转换为 '&foo=bar1&foo=bar2'。

(9) dataFilter。

类型：Function

给 AJAX 返回的原始数据进行预处理的函数，提供 data 和 type 两个参数。data 是 AJAX 返回的原始数据，type 是调用 jQuery.ajax 时提供的 dataType 参数。函数返回的值将由 jQuery 进一步处理。

(10) dataType。

类型：String

预期服务器返回的数据类型。如果不指定，jQuery 将自动根据 HTTP 包 MIME 信息来智能判断，例如，XML MIME 类型就被识别为 XML。在 1.4 版本中，JSON 就会生成一个 JavaScript 对象，而 script 则会执行这个脚本。随后服务器端返回的数据会根据这个值解析后，传递给回调函数。可用值如下。

● "xml"：返回 XML 文档，可用 jQuery 处理。
● "html"：返回纯文本 HTML 信息；包含的 script 标签会在插入 DOM 时执行。
● "script"：返回纯文本 JavaScript 代码。不会自动缓存结果，除非设置了"cache" 参数。

 注意

在远程请求时(不在同一个域下)，所有 POST 请求都将转为 GET 请求(因为将使用 DOM 的 script 标签来加载)。

● "json"：返回 JSON 数据。
● "jsonp"：JSONP 格式。使用 JSONP 形式调用函数时，如"myurl?callback=?"，jQuery 将自动替换"?"为正确的函数名，以执行回调函数。
● "text"：返回纯文本字符串。

(11) error。

类型：Function

默认值：自动判断(XML 或 HTML)。请求失败时调用此函数。

有以下 3 个参数：XMLHttpRequest 对象、错误信息、(可选)捕获的异常对象。

如果发生了错误，则错误信息(第二个参数)除了得到 null 之外，还可能是 "timeout" "error""notmodified"和"parsererror"。

这是一个 AJAX 事件。

(12) global。

类型：Boolean

是否触发全局 AJAX 事件。默认值为 true。设置为 false 将不会触发全局 AJAX 事件，如 ajaxStart 或 ajaxStop 可用于控制不同的 AJAX 事件。

(13) ifModified。

类型：Boolean

仅在服务器数据改变时获取新数据。默认值为 false。使用 HTTP 包 Last-Modified 头信息判断。在 jQuery 1.4 中，它也会检查服务器指定的 etag 来确定数据没有被修改过。

(14) jsonp。

类型：String

在一个 JSONP 请求中重写回调函数的名字。这个值用来替代在"callback=?"这种 GET 或 POST 请求中 URL 参数里的"callback"部分，例如，{jsonp:'onJsonPLoad'}会导致将"onJsonPLoad=?"传给服务器。

(15) jsonpCallback。

类型：String

为 JSONP 请求指定一个回调函数名。这个值将用来取代 jQuery 自动生成的随机函数名。这主要用来让 jQuery 生成独特的函数名，这样管理请求更容易，也能方便地提供回调函数和错误处理，也可以在想让浏览器缓存 GET 请求的时候，指定这个回调函数名。

(16) password。

类型：String

用于响应 HTTP 访问认证请求的密码。

(17) processData。

类型：Boolean

默认值为 true。默认情况下，通过 data 选项传递进来的数据，如果是一个对象(技术上讲只要不是字符串)，都会处理转换成一个查询字符串，以配合默认内容类型 "application/x-www-form-urlencoded"。如果要发送 DOM 树信息或其他不希望转换的信息，请设置为 false。

(18) scriptCharset。

类型：String

只有当请求时 dataType 为"jsonp"或"script"，并且 type 是"GET"才会用于强制修改 charset。通常只在本地和远程的内容编码不同时使用。

(19) success。

类型：Function

请求成功后的回调函数。

参数：由服务器返回，并根据 dataType 参数进行处理后的数据；描述状态的字符串。这是一个 AJAX 事件。

(20) traditional。

类型：Boolean

如果想要用传统的方式来序列化数据，那么就设置为 true。请参考工具分类下面的 jQuery.param 方法。

(21) timeout。

类型：Number

设置请求超时时间(毫秒)。此设置将覆盖全局设置。

(22) type。

类型：String

默认值为"GET"。请求方式为"POST"或"GET"，默认为"GET"。注意：其他 HTTP 请求方法，如 PUT 和 DELETE 也可以使用，但仅部分浏览器支持。

(23) url。

类型：String

默认值：当前页地址。发送请求的地址。

(24) username。

类型：String

用于响应 HTTP 访问认证请求的用户名。

(25) xhr。

类型：Function

需要返回一个 XMLHttpRequest 对象。默认在 IE 下是 ActiveXObject，而其他情况下是 XMLHttpRequest。用于重写或者提供一个增强的 XMLHttpRequest 对象。这个参数在 jQuery 1.3 以前不可用。

5．.NET 示例

(1) 效果界面。

此示例运行后的效果如图 7-4 所示。

当用户填写完"用户名""密码"和"确认密码"后，单击"添加用户"按钮，效果如图 7-5 所示。

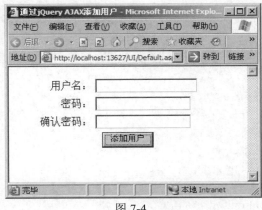
图 7-4

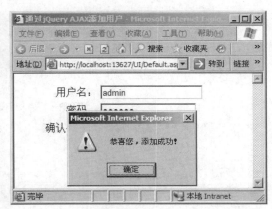
图 7-5

(2) 项目结构。

此示例的项目结构如图 7-6 所示。

图 7-6

(3) 功能代码。

Default.aspx 的 HTML 代码如示例 7.3 所示。

示例 7.3：

```
<%@ Page Language="C#" AutoEventWireup="true" CodeFile="Default.aspx.cs" Inherits=
"_Default" %>

<!DOCTYPE html>
<html xmlns="http://www.w3.org/1999/xhtml">
<head runat="server">
    <title>通过 jQuery AJAX 添加用户</title>
    <script src="script/jquery-1.12.4.js" type="text/javascript"></script>
    <script type="text/javascript">
        $(document).ready(function() {
            $("#btnAdd").click(function() {
                $.ajax({
                    type: "post",
                    url: "UsersHandler.ashx",
                    data:
                        {
                            name: $("#txtName").val(),
                            pwd: $("#txtPwd").val()
                        },
                    success: function(response) {
                        if (response == "true") {//添加成功
                            alert("恭喜您，添加成功！");
                            //清空文本框
                            $("#txtName").val("");
                            $("#txtPwd").val("");
                            $("#txtConfirmPwd").val("");
                        }
                        else {//添加失败
                            alert("添加失败！");
                        }
```

```
                }
            });
        });
    });
    </script>

</head>
<body>
    <form id="form1" runat="server">
        <table align="center" style="width: 334px">
            <tr>
                <td align="right">
                    用户名：
                </td>
                <td>
                    <input id="txtName" type="text" />
                </td>
            </tr>
            <tr>
                <td align="right">
                    密码：
                </td>
                <td>
                    <input id="txtPwd" type="password" />
                </td>
            </tr>
            <tr>
                <td align="right">
                    确认密码：
                </td>
                <td>
                    <input id="txtConfirmPwd" type="password" />
                </td>
            </tr>
            <tr>
                <td align="center" colspan="2">
                    <input id="btnAdd" type="button" value="添加用户" />
                </td>
            </tr>
        </table>
    </form>
</body>
</html>
```

存储在 Web.config 里的数据库连接字符串：

```
<connectionStrings>
  <add name="TestConnectionString" connectionString="Data Source=.;Initial Catalog=Test;
  Integrated Security=True"
      providerName="System.Data.SqlClient" />
</connectionStrings>
```

UsersHandler.ashx 的 C#代码如下：

```csharp
<%@ WebHandler Language="C#" Class="UsersHandler" %>
using System;
using System.Web;
using System.Text;
using System.Data;
using System.Data.SqlClient;
using System.Configuration;
public class UsersHandler : IHttpHandler
{
    public void ProcessRequest(HttpContext context)
    {
        string connString = ConfigurationManager.ConnectionStrings["SMSConnectionString"].
        ConnectionString;
        string name = context.Request["name"];
        string pwd = context.Request["pwd"];
        using (SqlConnection conn = new SqlConnection(connString))
        {
            string sql = "insert into Users values(@U_Name,@U_Pwd)";
            SqlCommand cmd = new SqlCommand(sql, conn);
            cmd.Parameters.AddWithValue("U_Name", name);
            cmd.Parameters.AddWithValue("U_Pwd", pwd);
            if (conn.State == ConnectionState.Closed)
            {
                conn.Open();
            }
            int i = cmd.ExecuteNonQuery();//调用此方法会返回受影响的行数
            conn.Close();
            context.Response.Write(i > 0 ? "true" : "false");
        }
    }
    public bool IsReusable
    {
        get
        {
```

```
            return false;
        }
    }
}
```

6. Java 示例

(1) 效果界面。

此示例运行后的效果如图 7-7 所示。

当用户填写完"用户名""密码"和"确认密码"后，单击"添加用户"按钮，效果如图 7-8 所示。

图 7-7　　　　　　　　　　图 7-8

(2) 项目结构。

此示例的项目结构如图 7-9 所示。

图 7-9

(3) 功能代码。

index.jsp 的 HTML 代码如示例 7.4 所示。

示例 7.4:

```
<%@ page language="java" import="java.util.*" pageEncoding="UTF-8"%>
<jsp:directive.page import="com.hp.servlet.*" />
```

```html
<!DOCTYPE HTML >
<html>
    <head>
        <title>异步获取服务器端数据</title>
        <script type="text/javascript" src="${pageContext.request.contextPath}/script/jquery
-1.12.4.js"> </script>
        <script type="text/javascript">
        $(document).ready(function() {
            $("#btnAdd").click(function() {
                $.ajax({
                    type: "post",
                    url: "${pageContext.request.contextPath}/UsersServlet",
                    data:
                        {
                            name: $("#txtName").val(),
                            pwd: $("#txtPwd").val()
                        },
                    success: function(response) {
                        if (response == "true") {//添加成功
                            alert("恭喜您，添加成功！");
                            //清空文本框
                            $("#txtName").val("");
                            $("#txtPwd").val("");
                            $("#txtConfirmPwd").val("");
                        }
                        else {//添加失败
                            alert("添加失败！");
                        }
                    }
                });
            });
        });
    </script>
    </head>

    <body>
        <form id="form1" runat="server">
            <table align="center" style="width: 334px">
                <tr>
                    <td align="right">
                        用户名：
                    </td>
                    <td>
```

```
                                <input id="txtName" type="text" />
                            </td>
                        </tr>
                        <tr>
                            <td align="right">
                                密码：
                            </td>
                            <td>
                                <input id="txtPwd" type="password" />
                            </td>
                        </tr>
                        <tr>
                            <td align="right">
                                确认密码：
                            </td>
                            <td>
                                <input id="txtConfirmPwd" type="password" />
                            </td>
                        </tr>
                        <tr>
                            <td align="center" colspan="2">
                                <input id="btnAdd" type="button" value="添加用户" />
                            </td>
                        </tr>
                    </table>
                </form>
            </body>
        </html>
```

DBManager 的 Java 代码如下：

```
//DBManager 的代码和单元五中的 DBManager 代码一模一样。
```

UsersServlet 的 Java 代码如下：

```
package com.hp.servlet;

import java.io.IOException;
import java.io.PrintWriter;
import javax.servlet.ServletException;
import javax.servlet.http.HttpServlet;
import javax.servlet.http.HttpServletRequest;
import javax.servlet.http.HttpServletResponse;
import java.sql.Connection;
```

```java
import java.sql.PreparedStatement;
import java.sql.ResultSet;
import java.sql.SQLException;
import com.hp.util.*;

public class UsersServlet extends HttpServlet {

    public UsersServlet() {
        super();
    }

    public void destroy() {
        super.destroy(); // Just puts "destroy" string in log
        // Put your code here
    }

    public void doGet(HttpServletRequest request, HttpServletResponse response)
            throws ServletException, IOException {

    }

    public void doPost(HttpServletRequest request, HttpServletResponse response)
            throws ServletException, IOException {
        response.setContentType("text/html;charset=gbk");
        String name = request.getParameter("name");
        String pwd = request.getParameter("pwd");
        name = new String(name.getBytes("iso-8859-1"), "UTF-8");
        pwd = new String(pwd.getBytes("iso-8859-1"), "UTF-8");
        PrintWriter out = response.getWriter();
        Connection conn = DBManager.getConnection();
        PreparedStatement ps=null;
        String sql="insert into Users values(?,?)";
        boolean b=false;
        try {
            ps=conn.prepareStatement(sql);
            ps.setString(1,name);
            ps.setString(2,pwd);
            int i=ps.executeUpdate();
            out.print(i>0?"true":"false");

        } catch (SQLException e) {
            e.printStackTrace();
        } finally {
```

```
            DBManager.closePreparedStatement(ps);
            DBManager.closeConnection(conn);
        }
    }
    public void init() throws ServletException {
        // Put your code here
    }
}
```

7.4 $.get()方法

1. 功能描述

通过远程 HTTP GET 请求载入信息。

2. 调用语法

```
$.get(url,[data],[callback])
```

3. 详细说明

该函数是简写的 AJAX 函数，等价于：

```
$.ajax({
type: 'GET',
  url: url,
  data: data,
  success: success,
  dataType: dataType
});
```

根据响应的不同的 MIME 类型，传递给 success 回调函数的返回数据也有所不同，这些数据可以是 XML root 元素、文本字符串、JavaScript 文件或 JSON 对象，也可向 success 回调函数传递响应的文本状态。

对于 jQuery 1.4，也可以向 success 回调函数传递 XMLHttpRequest 对象。

4. 参数描述

● url (String)：待载入页面的 URL 地址。
● data (Map)：(可选)待发送 key/value 参数。
● callback (Function)：(可选)载入成功时回调函数。

5. .NET 示例

把讲解$.ajax()方法示例的 Default.aspx 中与 jQuery 相关的代码改成如下代码后，

能够同样实现添加用户的功能。

```
<script type="text/javascript">
    $(document).ready(function() {
        $("#btnAdd").click(function() {
            $.get(
                "UsersHandler.ashx",
                {
                    name: $("#txtName").val(),
                    pwd: $("#txtPwd").val()
                },
                function(response) {
                    if (response == "true") {//添加成功
                        alert("恭喜您，添加成功！");
                        //清空文本框
                        $("#txtName").val("");
                        $("#txtPwd").val("");
                        $("#txtConfirmPwd").val("");
                    }
                    else {//添加失败
                        alert("添加失败！");
                    }
                }
            );
        });
    });
</script>
```

6. Java 示例

(1) 把讲解$.ajax()方法示例的 index.jsp 中与 jQuery 相关的代码改成如下代码后，能够同样实现添加用户的功能。

```
<script type="text/javascript">
    $(document).ready(function() {
        $("#btnAdd").click(function() {
            $.get(
                "${pageContext.request.contextPath}/UsersServlet",
                {
                    name: $("#txtName").val(),
                    pwd: $("#txtPwd").val()
                },
                function(response) {
                    if (response == "true") {//添加成功
```

```
                    alert("恭喜您，添加成功！");
                    //清空文本框
                    $("#txtName").val("");
                    $("#txtPwd").val("");
                    $("#txtConfirmPwd").val("");
                }
                else {//添加失败
                    alert("添加失败！");
                }
            }
        );
    });
});
</script>
```

(2) 同时把讲解$.ajax()方法示例的 UsersServlet.java 的代码改成如下代码。

```
package com.hp.servlet;

import java.io.IOException;
import java.io.PrintWriter;
import javax.servlet.ServletException;
import javax.servlet.http.HttpServlet;
import javax.servlet.http.HttpServletRequest;
import javax.servlet.http.HttpServletResponse;
import java.sql.Connection;
import java.sql.PreparedStatement;
import java.sql.ResultSet;
import java.sql.SQLException;
import com.hp.util.*;

public class UsersServlet extends HttpServlet {

    public UsersServlet() {
        super();
    }

    public void destroy() {
        super.destroy(); // Just puts "destroy" string in log
        // Put your code here
    }

    public void doGet(HttpServletRequest request, HttpServletResponse response)
            throws ServletException, IOException {
```

```
response.setContentType("text/html;charset=gbk");
String name = request.getParameter("name");
String pwd = request.getParameter("pwd");
name = new String(name.getBytes("iso-8859-1"), "UTF-8");
pwd = new String(pwd.getBytes("iso-8859-1"), "UTF-8");
PrintWriter out = response.getWriter();
Connection conn = DBManager.getConnection();
PreparedStatement ps=null;
String sql="insert into Users values(?,?)";
boolean b=false;
try {
        ps=conn.prepareStatement(sql);
        ps.setString(1,name);
        ps.setString(2,pwd);
        int i=ps.executeUpdate();
        out.print(i>0?"true":"false");

} catch (SQLException e) {
        e.printStackTrace();
} finally {
        DBManager.closePreparedStatement(ps);
        DBManager.closeConnection(conn);
    }
}

public void doPost(HttpServletRequest request, HttpServletResponse response)
        throws ServletException, IOException {

}

public void init() throws ServletException {
    // Put your code here
    }
}
```

7.5 $.post()方法

1. 功能描述

通过远程 HTTP POST 请求载入信息。

2. 调用语法

```
jQuery.post(url,[data],[callback])
```

3. 详细说明

该函数是简写的 AJAX 函数，等价于：

```
$.ajax({
    type: 'POST',
    url: url,
    data: data,
    success: success,
    dataType: dataType
});
```

根据响应的不同的 MIME 类型，传递给 success 回调函数的返回数据也有所不同，这些数据可以是 XML 根元素、文本字符串、JavaScript 文件或者 JSON 对象，也可向 success 回调函数传递响应的文本状态。

对于 jQuery 1.5，也可以向 success 回调函数传递 jqXHR 对象(jQuery 1.4 中传递的是 XMLHttpRequest 对象)。

4. 参数描述

- url (String)：发送请求地址。
- data (Map)：(可选)待发送 key/value 参数。
- callback (Function)：(可选)发送成功时回调函数。

5. .NET 示例

把讲解$.ajax()方法示例的 Default.aspx 中与 jQuery 相关的代码改成如下代码后，能够同样实现添加用户的功能。

```
<script type="text/javascript">
    $(document).ready(function() {
        $("#btnAdd").click(function() {
            $.post(
                "UsersHandler.ashx",
                {
                    name: $("#txtName").val(),
                    pwd: $("#txtPwd").val()
                },
                function(response) {
                    if (response == "true") {//添加成功
                        alert("恭喜您，添加成功！");
                        //清空文本框
```

```
                              $("#txtName").val("");
                              $("#txtPwd").val("");
                              $("#txtConfirmPwd").val("");
                       }
                       else {//添加失败
                              alert("添加失败！");
                       }
                }
         );
      });
   });
</script>
```

6. Java 示例

把讲解$.ajax()方法示例的 index.jsp 中与 jQuery 相关的代码改成如下代码后，能够同样实现添加用户的功能。

```
<script type="text/javascript">
   $(document).ready(function() {
      $("#btnAdd").click(function() {
         $.post(
             "${pageContext.request.contextPath}/UsersServlet",
             {
                name: $("#txtName").val(),
                pwd: $("#txtPwd").val()
             },
             function(response) {
                if (response == "true") {//添加成功
                    alert("恭喜您，添加成功！");
                    //清空文本框
                    $("#txtName").val("");
                    $("#txtPwd").val("");
                    $("#txtConfirmPwd").val("");
                }
                else {//添加失败
                    alert("添加失败！");
                }
             }
         );
      });
   });
</script>
```

7.6　$.serialize()方法

1. 功能描述

序列表表格内容为字符串。

2. 调用语法

```
serialize()
```

3. 详细说明

$.serialize()方法创建以标准 URL 编码表示的文本字符串。它的操作对象是代表表单元素集合的 jQuery 对象。

表单元素有以下几种类型。

```
<form>
    <div><input type="text" name="a" value="1" id="a" /></div>
    <div><input type="text" name="b" value="2" id="b" /></div>
    <div><input type="hidden" name="c" value="3" id="c" /></div>
    <div>
        <textarea name="d" rows="8" cols="40">4</textarea>
    </div>
    <div><select name="e">
        <option value="5" selected="selected">5</option>
        <option value="6">6</option>
        <option value="7">7</option>
    </select></div>
    <div>
        <input type="checkbox" name="f" value="8" id="f" />
    </div>
    <div>
        <input type="submit" name="g" value="Submit" id="g" />
    </div>
</form>
```

$.serialize()方法可以操作已选取个别表单元素的 jQuery 对象，如<input>、<textarea>、<select>。不过，选择<form>标签本身进行序列化一般更容易一些。

```
$('form').submit(function() {
    alert($(this).serialize());
    return false;
});
```

输出标准的查询字符串：a=1&b=2&c=3&d=4&e=5。

注意 ┄┄┄┄┄┄┄┄┄┄┄┄┄┄┄┄┄┄┄┄┄┄┄┄┄┄┄┄┄┄

> 只会将"成功的控件"序列化为字符串。如果不使用按钮来提交表单，则不对提交按钮的值序列化。如果要表单元素的值包含在序列字符串中，元素必须使用 name 属性。

4. .NET 示例

(1) 把讲解$.ajax()方法示例的 Default.aspx 中与 jQuery 相关的代码改成如下代码后，能够同样实现添加用户的功能。

```javascript
<script type="text/javascript">
    $(document).ready(function() {
        $("#btnAdd").click(function() {
            $.post(
                "UsersHandler.ashx",
                $("#form1").serialize(),
                function(response) {
                    if (response == "true") {//添加成功
                        alert("恭喜您，添加成功！");
                        //清空文本框
                        $("#txtName").val("");
                        $("#txtPwd").val("");
                        $("#txtConfirmPwd").val("");
                    }
                    else {//添加失败
                        alert("添加失败！");
                    }
                }
            );
        });
    });
</script>
```

(2) 把讲解$.ajax()方法示例的 UsersHandler 中的代码：

```
string name = context.Request["name"];
string pwd = context.Request["pwd"];
```

改成

```
string name = HttpUtility.UrlDecode(context.Request["txtName"]);
string pwd = HttpUtility.UrlDecode(context.Request["txtPwd"]);
```

5. Java 示例

(1) 把讲解$.ajax()方法示例的 index.jsp 中与 jQuery 相关的代码改成如下代码后，

能够同样实现添加用户的功能。

```
<script type="text/javascript">
    $(document).ready(function() {
        $("#btnAdd").click(function() {
            $.post(
                "${pageContext.request.contextPath}/UsersServlet",
                $("#form1").serialize(),
                function(response) {
                    if (response == "true") {//添加成功
                        alert("恭喜您，添加成功！");
                        //清空文本框
                        $("#txtName").val("");
                        $("#txtPwd").val("");
                        $("#txtConfirmPwd").val("");
                    }
                    else {//添加失败
                        alert("添加失败！");
                    }
                }
            );
        });
    });
</script>
```

(2) 把讲解$.ajax()方法示例的 UsersServlet 中的代码：

```
String name = request.getParameter("name");
String pwd = request.getParameter("pwd");
```

改成

```
String name = request.getParameter("txtName");
String pwd = request.getParameter("txtPwd");
```

7.7 jQuery AJAX 事件

AJAX 请求会产生若干不同的事件，可以订阅这些事件并在其中处理我们的逻辑。
在 jQuery 中有两种 AJAX 事件：局部事件和全局事件。
局部事件就是在每次 AJAX 请求时在方法内定义的，例如：

```
$.AJAX({
    beforeSend: function(){
        // Handle the beforeSend event
```

```
        },
        complete: function(){
           // Handle the complete event
        }
        // ...
    });
```

全局事件是每次 AJAX 请求都会触发的，它会向 DOM 中的所有元素广播，在上面 getScript()示例中加载的脚本就是全局 AJAX 事件。全局事件可以定义如下：

```
    $("#loading").bind("AJAXSend", function(){
        $(this).show();
    }).bind("AJAXComplete", function(){
        $(this).hide();
    });
```

或者

```
    $("#loading").AJAXStart(function(){
        $(this).show();
    });
```

我们可以在特定的请求中将全局事件禁用，只要设置一下 global 选项就可以了。

```
    $.AJAX({
        url: "test.html",
        global: false,// 禁用全局 AJAX 事件
        // ...
    });
```

下面是 jQuery 官方给出的完整的 AJAX 事件列表。

- AJAXStart (全局事件)：AJAX 请求开始时执行函数。
- beforeSend (局部事件)：AJAX 请求发送前执行函数。
- AJAXSend (全局事件)：AJAX 请求发送前执行函数。
- success (局部事件)：AJAX 请求成功时执行函数。
- AJAXSuccess (全局事件)：AJAX 请求成功时执行函数。
- error (局部事件)：AJAX 请求发生错误时执行函数。
- AJAXError (全局事件)：AJAX 请求发生错误时执行函数。
- complete (局部事件)：AJAX 请求完成时执行函数。
- AJAXComplete (全局事件)：AJAX 请求完成时执行函数。
- AJAXStop (全局事件)：AJAX 请求结束时执行函数。

【单元小结】

- jQuery 提供了用于 AJAX 开发的丰富的函数(方法)库。

- $.load()方法的功能：从服务器加载数据，然后把返回的 HTML 放入匹配元素。
- $.getJSON()方法的功能：使用 HTTP GET 请求从服务器加载 JSON 编码数据。
- $.ajax()方法的功能：是低层级 AJAX 函数的语法。
- $.get()方法的功能：使用 HTTP GET 请求从服务器加载数据。
- $.post()方法的功能：使用 HTTP POST 请求从服务器加载数据。
- $.serialize()方法的功能：将表单内容序列化为字符串。

【单元自测】

1. 常见的 jQurey AJAX 函数有哪些？
2. 以下代码段是否能够正确运行？如果不能，请改正。

.NET 代码：

```javascript
<script type="text/javascript">
    $(document).ready(function() {
        $("#btnAdd").click(function() {
            $.ajax({
                "post",
                "UsersHandler.ashx",
                {
                        name: $("#txtName").val(),
                        pwd: $("#txtPwd").val()
                },
                function(response) {
                    if (response == "true") {//添加成功
                        alert("恭喜您，添加成功！");
                        //清空文本框
                        $("#txtName").val("");
                        $("#txtPwd").val("");
                        $("#txtConfirmPwd").val("");
                    }
                    else {//添加失败
                        alert("添加失败！");
                    }
                }
            });
        });
    });
</script>
```

Java 代码：

```javascript
<script type="text/javascript">
    $(document).ready(function() {
        $("#btnAdd").click(function() {
```

```
                    $.ajax({
                        "post",
                        "${pageContext.request.contextPath}/UsersServlet",
                        {
                            name: $("#txtName").val(),
                            pwd: $("#txtPwd").val()
                        },
                        function(response) {
                            if (response == "true") {//添加成功
                                alert("恭喜您，添加成功！");
                                //清空文本框
                                $("#txtName").val("");
                                $("#txtPwd").val("");
                                $("#txtConfirmPwd").val("");
                            }
                            else {//添加失败
                                alert("添加失败！");
                            }
                        }
                    });
                });
            });
        </script>
```

【上机实战】

上机目标

理解并掌握常用 jQuery AJAX 函数。

上机练习

◆ 第一阶段 ◆

练习：通过$.post()方法检查用户名是否可用

【问题描述】

用户在网上注册时，经常需要检查用户名是否可用，那么这个提示功能是怎样实现的？这个功能我们已经在单元五的上机练习中通过 AJAX 实现过。

下面我们通过.NET 和 Java 分别利用 jQuery 来实现这个功能。

【参考步骤】

(1) 通过.NET 实现的参考步骤。

① 前面的步骤请参见单元五。

② 页面 Default.aspx 中与 jQuery 相关的代码如下。

```
<script src="script/jquery-1.12.4.js" type="text/javascript"></script>
<script type="text/javascript">
    $(document).ready(function() {
        $("#txtName").blur(function() {
            $.post(
             "UsersHandler.ashx",
             {
                 name: $("#txtName").val()
             },
             function(response) {
                 if (response == "true") {
                     $("#span1").html("用户名已经被他人使用，请换一个新的！");
                 }
                 else {
                     $("#span1").html("恭喜您，用户名可用！");
                 }
             }
            );
        });
    });
</script>
```

(2) 通过 Java 语言实现的参考步骤。

① 前面的步骤请参见单元五。

② 在页面 index.jsp 中与 jQuery 相关的代码如下。

```
<script type="text/javascript"
src="${pageContext.request.contextPath}/script/jquery-1.12.4.js"></script>
    <script type="text/javascript">
        $(document).ready(function() {
            $("#txtName").blur(function() {
                $.post(
                 "<%=request.getContextPath()%>/UsersServlet",
                 {
                     name: $("#txtName").val()
```

```
            },
            function(response) {
                if (response == "true") {
                    $("#span1").html("用户名已经被他人使用，请换一个新的！");
                }
                else {
                    $("#span1").html("恭喜您，用户名可用！");
                }
            }
        );
    });
});
</script>
```

◆ 第二阶段 ◆

练习：通过$.get()方法检查用户名是否可用

【参考步骤】

只需把上述步骤稍做修改就可以实现此功能。

【拓展作业】

1. 通过 jQuery AJAX 实现用户的查询。
2. 通过 jQuery AJAX 实现用户的删除。

单元 **八**

jQuery 对表格表单的应用

 课程目标

▶ 加深对 jQuery 的理解
▶ 掌握 jQuery 中对表格表单操作的基本方法

 简 介

对于 Web 设计来说，表格和表单都是 HTML 的重要组成部分，分别用于采集、提交用户输入的信息和显示列表数据。通过本单元的实战演练，相信对 jQuery 的理解和技能掌握会有极大的提高。

8.1 表格的应用

在 CSS 技术之前，网页的布局基本都是依靠表格制作，随着 Web 标准普及，基于表格的页面布局已经逐步被 CSS 所取代，但是设计表格的目的并不完全是进行页面布局。本小节所讨论的不是表格的角色问题，而是如何使用 jQuery 来增强表格的可读性、可用性及视觉冲击力。

8.1.1 表格变色

在 jQuery 中，提供了选择每个相隔的(奇数) <tr> 元素的选择器，其语法为：

```
$("tr:odd"),
```

也提供了选择每个相隔的(偶数) <tr> 元素的选择器，其语法为：

```
$("tr:even")
```

例如，现在有一张学生表如示例 8.1 所示，用 jQuery 的:odd 和:even 选择器对这张表格隔行变色，结果见图 8-1。

示例 8.1：

```
<!DOCTYPE html>
<html>
    <head>
        <meta charset="UTF-8">
        <title>示例 8.1</title>
        <style type="text/css">
            table{
                border-collapse: collapse;
                margin: auto;

            }
            table tr td,     table tr th{
                padding:10px 40px;
                border: 1px solid rgba(0,0,0,0.2);
            }
        </style>
```

```html
</head>
<body>
    <table>
        <thead>
        <tr>
            <th colspan="7">学生信息表</th>
        </tr>
        </thead>
        <tbody>
        <tr>
            <th>姓名</th>
            <th>学号</th>
            <th>年龄</th>
            <th>性别</th>
            <th>班级</th>
            <th>家庭住址</th>
            <th>联系方式</th>
        </tr>
        <tr>
            <td>jay</td>
            <td>1001</td>
            <td>20</td>
            <td>男</td>
            <td>1901</td>
            <td>湖北</td>
            <td>13600000000</td>
        </tr>
        <tr>
            <td>mery</td>
            <td>1002</td>
            <td>20</td>
            <td>女</td>
            <td>1901</td>
            <td>湖北</td>
            <td>13500000000</td>
        </tr>
        <tr>
            <td>jack</td>
            <td>1003</td>
            <td>20</td>
            <td>男</td>
            <td>1901</td>
            <td>湖北</td>
            <td>13400000000</td>
        </tr>
        <tr>
```

```
                <td>micle</td>
                <td>1004</td>
                <td>20</td>
                <td>男</td>
                <td>1901</td>
                <td>湖北</td>
                <td>13200000000</td>
            </tr>
            <tr>
                <td>lucy</td>
                <td>1005</td>
                <td>20</td>
                <td>女</td>
                <td>1901</td>
                <td>湖北</td>
                <td>13300000000</td>
            </tr>
        </tbody>
        </table>
<script type="text/javascript" src="scripts/jquery-1.12.4.js"></script>
        <script type="text/javascript">
            $(function(){
                //给奇数行加样式
                $("table tr:odd").css("background","#FFCCCC");
                //给偶数行加样式
                $("table tr:even").css("background","#CCFFFF");
            })
        </script>
    </body>
</html>
```

图 8-1

需要注意的是，$("tr:odd")和$("tr:even")的索引是从 0 开始的，因此表头也会变色，若是只希望表格变色，表头不变化，则需要把上面代码改成如下所示。

```
$(function(){
            //给奇数行加样式，选择器选择 tbody
            $("tbody tr:odd").css("background","#FFCCCC");
            //给偶数行加样式，选择器选择 tbody
            $("tbody tr:even").css("background","#CCFFFF");
        })
```

结果如图 8-2 所示。

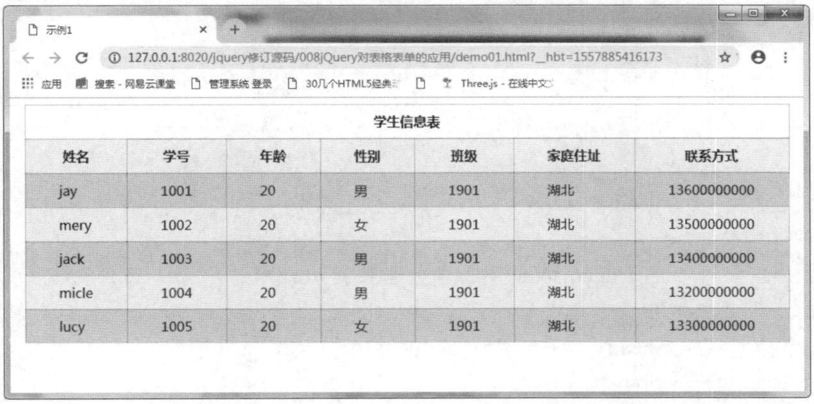

图 8-2

8.1.2　单击表格行高亮显示

给示例 8.1 的每一行添加一个复选框，单击某一行，该行高亮显示且该行复选框选中，完成这一要求，首先需要给 tr(行)加上单击事件，然后为该行加上高亮显示样式，将其他行高亮显示的样式删除，代码如示例 8.2 所示，结果如图 8-3 所示。

示例 8.2：

```
<!DOCTYPE html>
<html>
    <head>
        <meta charset="UTF-8">
        <title>示例 8.2</title>
        <style type="text/css">
            table{
                border-collapse: collapse;
                margin: auto;

            }
            table tr td,     table tr th{
                padding:10px 40px;
                border: 1px solid rgba(0,0,0,0.2);
            }
```

```
            .select{
                background: #FFFF99 !important;
            }
            .odd{
                background:#FFCCCC ;
            }
            .even{
                background: #CCFFFF;
            }
        </style>
    </head>
    <body>
        <table>
            <thead>
            <tr>
                <th colspan="8">学生信息表</th>
            </tr>
            </thead>
            <tbody>
            <tr>
                <td>是否选中  </td>
                <th>姓名</th>
                <th>学号</th>
                <th>年龄</th>
                <th>性别</th>
                <th>班级</th>
                <th>家庭住址</th>
                <th>联系方式</th>
            </tr>
            <tr>
                <td><input type="checkbox" /> </td>
                <td>jay</td>
                <td>1001</td>
                <td>20</td>
                <td>男</td>
                <td>1901</td>
                <td>湖北</td>
                <td>13600000000</td>
            </tr>
            <tr>
                <td><input type="checkbox" /> </td>
                <td>mery</td>
                <td>1002</td>
```

```html
            <td>20</td>
            <td>女</td>
            <td>1901</td>
            <td>湖北</td>
            <td>13500000000</td>
        </tr>
        <tr>
            <td><input type="checkbox" /> </td>
            <td>jack</td>
            <td>1003</td>
            <td>20</td>
            <td>男</td>
            <td>1901</td>
            <td>湖北</td>
            <td>13400000000</td>
        </tr>
        <tr>
            <td><input type="checkbox" /> </td>
            <td>micle</td>
            <td>1004</td>
            <td>20</td>
            <td>男</td>
            <td>1901</td>
            <td>湖北</td>
            <td>13200000000</td>
        </tr>
        <tr>
            <td><input type="checkbox" /> </td>
            <td>lucy</td>
            <td>1005</td>
            <td>20</td>
            <td>女</td>
            <td>1901</td>
            <td>湖北</td>
            <td>13300000000</td>
        </tr>
</tbody>
</table>
<script type="text/javascript" src="scripts/jquery-1.12.4.js"></script>
<script type="text/javascript">
    $(function(){
        //给奇数行加样式
        $("tbody tr:odd").addClass("odd");
```

```
                        //给偶数行加样式
                        $("tbody tr:even").addClass("even");
                        $("tbody tr").click(function(){
                            //$(this)指向当前行
                            $(this).addClass("select").siblings().removeClass("select")
                            .end()
                            .find(":checkbox").attr("checked","checked");
                        })
                    })
                </script>
            </body>
        </html>
```

图 8-3

在上面案例中，使用了 end()方法，该方法结束当前链条中的最近的筛选操作，并将匹配元素集还原为之前的状态，前面使用了 $(this).addClass("select").siblings(). removeClass("select")，那么此时指向变成了$(this)..siblings()，也就是变成了当前元素的兄弟节点，此时用 end()方法结束前面的筛选，将匹配元素集回到$(this)的指向。当然，也可用另一种方法代替，代码如下：

```
$(this).addClass("select").siblings().removeClass("select")
$(this).find(":checkbox").attr("checked","checked");
```

8.1.3　表格的筛选

在表格中筛选内容，可以用 jQuery 的:contains 选择器，该选择器选取包含指定字符串的元素。该方法语法为：

```
$("ele:contains('context')" )
```

在示例 8.1 的学生表中，加一个搜索按钮，单击搜索，则搜索到的行高亮显示，代码如示例 8.3 所示，结果如图 8-4 所示。

示例 8.3：

```
<!DOCTYPE html>
<html>
    <head>
        <meta charset="UTF-8">
        <title>示例 8.3</title>
        <style type="text/css">
            table{
                border-collapse: collapse;
                margin: auto;

            }
            table tr td,      table tr th{
                padding:10px 40px;
                border: 1px solid rgba(0,0,0,0.2);
            }
            .select{
                background: #FFFF99 !important;
            }
            .odd{
                background:#FFCCCC ;
            }
            .even{
                background: #CCFFFF;
            }
        </style>
    </head>
    <body>
        <table>
            <thead>
                <tr>
                    <td colspan="7"><input type="text" id="txt" /> <input type="button"
id="btn"   value="搜索"/></td>
                </tr>
                <tr>
                    <th colspan="7">学生信息表</th>
                </tr>
            </thead>
            <tbody>
                <tr>
                    <th>姓名</th>
                    <th>学号</th>
```

```
                <th>年龄</th>
                <th>性别</th>
                <th>班级</th>
                <th>家庭住址</th>
                <th>联系方式</th>
        </tr>
        <tr>
                <td>jay</td>
                <td>1001</td>
                <td>20</td>
                <td>男</td>
                <td>1901</td>
                <td>湖北</td>
                <td>13600000000</td>
        </tr>
        <tr>
                <td>mery</td>
                <td>1002</td>
                <td>20</td>
                <td>女</td>
                <td>1901</td>
                <td>湖北</td>
                <td>13500000000</td>
        </tr>
        <tr>
                <td>jack</td>
                <td>1003</td>
                <td>20</td>
                <td>男</td>
                <td>1901</td>
                <td>湖北</td>
                <td>13400000000</td>
        </tr>
        <tr>
                <td>micle</td>
                <td>1004</td>
                <td>20</td>
                <td>男</td>
                <td>1901</td>
                <td>湖北</td>
                <td>13200000000</td>
        </tr>
        <tr>
```

```
            <td>lucy</td>
            <td>1005</td>
            <td>20</td>
            <td>女</td>
            <td>1901</td>
            <td>湖北</td>
            <td>13300000000</td>
        </tr>
    </tbody>
</table>
<script type="text/javascript" src="scripts/jquery-1.12.4.js"></script>
<script type="text/javascript">
    $(function(){
        //获取 btn 按钮
        var btn=$("#btn");
        btn.click(function(){
            //获取输入查找内容值
            var txt=$("#txt").val();
            //清楚所有行被选中样式
            $("table tr").removeClass("select");
            //为查找到的行添加样式
            $("table tr:contains("+txt+")").addClass("select");
        })
    })
</script>
</body>
</html>
```

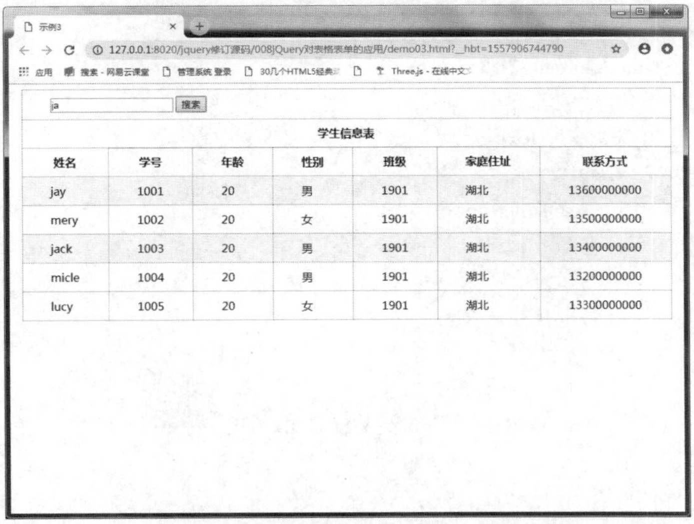

图 8-4

8.2 表单的应用

表单在网页交互中扮演着非常重要的角色，客户端与服务器必须通过表单这座桥梁才能进行通信，一个表单有 3 个基本组成部分：表单标签、表单域和表单按钮，本节主要讲解 jQuery 在表单域中的应用。

8.2.1 单行文本框的应用

文本框是表单域中最基本的元素，也是非常重要的元素，在网页中，时常看到当文本框获取焦点时，会高亮显示。jQuery 提供了 focus()获取焦点的方法，当元素获得焦点时，发生 focus 事件。当通过鼠标单击选中元素或通过 Tab 键定位到元素时，该元素就会获得焦点。focus()方法触发 focus 事件或规定当发生 focus 事件时运行的函数。该方法的语法如下：

```
$(selector).focus()
```

同样，jQuery 也提供了失去焦点的方法 blur()，当元素失去焦点时发生 blur 事件。blur()函数触发 blur 事件，或者如果设置了 function 参数，该函数也可规定当发生 blur 事件时执行的代码。该方法的语法如下：

```
$(selector).blur()
```

在示例 8.4 中，利用 jQuery 的获取焦点和失去焦点事件，为文本框添加样式，结果如图 8-5 所示。

示例 8.4：

```
<!DOCTYPE html>
<html>
    <head>
        <meta charset="UTF-8">
        <title>示例 8.4</title>
        <style type="text/css">
            input{
                outline: none;
                border: 1px solid gray;
            }
            /*获取焦点样式*/
            .focus{
                border: 1px solid red;
                box-shadow: 0px 1px 8px 0px red;;
            }
        </style>
    </head>
```

```
    <body>
        <form method="get" action="#" style="width: 500px;">
            <fieldset>
                <legend>个人简历</legend>
                <div>姓名：<input type="text" /> </div>
                <div>年龄：<input type="text" /> </div>
            </fieldset>
        </form>
        <script type="text/javascript" src="scripts/jquery-1.12.4.js"></script>
        <script type="text/javascript">
            $(function(){
                //获取焦点
                $("input").focus(function(){
                    $(this).addClass("focus");
                })
                //失去焦点
                $("input").blur(function(){
                    $(this).removeClass("focus");
                })
            })
        </script>
    </body>
</html>
```

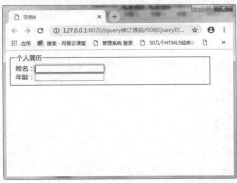

图 8-5

需要注意的是，blur()事件在早前仅发生于表单元素上。在新浏览器中，该事件可用于任何元素。

8.2.2　复选框的应用

在复选框中，用得最多的就是全选、全不选和反选事件，在这里，需要介绍 jQuery 的 prop()方法，该方法设置或返回被选元素的属性和值。prop()方法与 jQuery 的 attr()

方法类似，该方法是在 jQuery 版本 1.6 中开始新增的，是为了弥补 attr()方法在某些情况下出现不一致行为的缺点，这两个方法都是获取属性和设置属性，根据官方建议，具有 false 和 true 两个属性时用 prop()方法，其余时候用 attr()方法，如示例 8.5 所示，利用 prop()方法做复选框的全选、全不选和反选功能，结果如图 8-6 所示。

示例 8.5：

```html
<!DOCTYPE html>
<html>
    <head>
        <meta charset="UTF-8">
        <title>demo8.5</title>
    </head>
    <body>
        <form method="get" action="#" name="form" style="width: 500px;margin: auto;">
            <fieldset>
                <legend>
                    <h3>爱好：</h3></legend>
                <p><input type="checkbox" name="allcheck" />全选 /全不选<input type="checkbox" name="inverse" />反选</p>
                <p><input type="checkbox" name="item" />打球</p>
                <p><input type="checkbox" name="item" />跑步</p>
                <p><input type="checkbox" name="item" />游泳</p>
                <p><input type="checkbox" name="item" />看书</p>
                <p><input type="checkbox" name="item" />旅游</p>
                <p><input type="checkbox" name="item" />看电影</p>
                <p> <input type="checkbox" name="item" />睡觉</p>
                <p><input type="checkbox" name="item" />瑜伽</p>
                <p><input type="checkbox" name="item" />普拉提</p>
            </fieldset>
        </form>
        <script type="text/javascript" src="scripts/jquery-1.12.4.js"></script>
        <script type="text/javascript">
            //获取全选或全不选按钮
            var all = $("form input[name='allcheck']");
            //获取反选按钮
            var inverse = $("form input[name='inverse']");
            //设置全选或全不选事件
            all.click(function() {
                //获取全选或全不选节点是否被选中
                var isCheck = $(this).prop('checked');
                //设置全选或全不选
                $("[name=item]:checkbox").prop("checked", isCheck);
            })
```

```
                    //设置反选事件
                    inverse.click(function() {
                        //遍历每一个 item
                        $.each($("[name=item]:checkbox"), function() {
                            //获取单个 item 是否选中
                            var isCheck = $(this).prop('checked');
                            //设置与当前单个 item 的 checked 相反值
                            $(this).prop("checked", !isCheck);
                        });
                    })
                </script>
            </body>
        </html>
```

图 8-6

8.2.3 表单验证

验证是网站开发的一项非常核心的内容，它犹如表单的防火墙，时刻保护交互数据的合法和安全。为了确保用户输入的信息合法，表单验证是表单设计中的一个重要环节，避免每次去服务器验证而浪费不必要的时间。同时，表单验证也能使表单更加灵活、美观和丰富。下面以一个用户注册表单为例，当用户输入信息的格式不正确时，给出提示，并且表单不能提交，只有当表单元素全部验证通过才能提交，需要用到 blur() 失去焦点事件，代码如示例 8.6 所示，结果如图 8-7 所示。

示例 8.6:

```
<!DOCTYPE html>
<html>
    <head>
        <meta charset="UTF-8">
        <title>demo8.5</title>
        <style type="text/css">
```

```
                        form label{
                               display: inline-block;
                               width: 100px;
                               padding-right: 10px;
                               text-align: right;
                        }
                        form div{
                               line-height: 30px;
                        }
                        /*提示失败样式*/
                        .errorMsg{
                               color: red;
                               font-size: 12px;
                        }
                        /*提示成功样式*/
                        .successMsg{
                               color: green;
                               font-size: 12px;
                        }
                </style>
        </head>
        <body>
                <form method="get" action="#" name="form" style="width: 500px;margin: auto;">
                        <fieldset>
                                <legend>注册</legend>
                                <div><label for="userNum">手机号:</label><input type="text"
name="userNum" id="userNum" class="required" placeholder="手机号"/> </div>
                                <div><label for="userEmail">邮箱：</label><input type="text"
name="userEmail" id="userEmail" class="required" placeholder="邮箱"/> </div>
                                <div><label for="userPwd">密码：</label><input type="password"
name="userPwd" id="userPwd" class="required" placeholder="最少 8 位密码"/> </div>
                                <div><label for="userPwdAgain">确认密码：</label><input
type="password" name="userPwdAgain" id="userPwdAgain" class="required" placeholder="再次
输入密码"/> </div>
                                <div><input type="submit" value="注册"/> </div>
                        </fieldset>
                </form>
                <script type="text/javascript" src="scripts/jquery-1.12.4.js"></script>
                <script type="text/javascript">
                $(function(){
                        var form=$("form");
                        var msg=';
                        //获取元素焦点
```

```
$("form input.required").blur(function(){
        //创建一个放提示信息的元素
        var span=$("<span>");
        var $parent=$(this).parent();
        //移出之前的提示信息
        $parent.find("span").remove();
        //判断当前是否是电话号码，若是，则进行电话号码验证
        if($(this).is("#userNum")){
                if(!(/^1[34578]\d{9}$/.test($(this).val()))){
                        msg="手机号格式不正确";
                        $(this).parent().append(span.addClass("errorMsg").html(msg));
                        return false;
                }else{
                        msg="手机号验证通过";
                        $(this).parent().append(span.addClass("successMsg").html(msg));
                }
        }
        //判断当前是否是邮箱，若是，则进行邮箱验证
        if($(this).is("#userEmail")){

if(!(/^[A-Za-z\d]+([-_.][A-Za-z\d]+)*@([A-Za-z\d]+[-.])+[A-Za-z\d]{2,4}$/.test($(this).val()))){
                        msg="邮箱格式不正确";
                        $(this).parent().append(span.addClass("errorMsg").html(msg));
                        return false;
                }else{
                        msg="邮箱验证通过";
                        $(this).parent().append(span.addClass("successMsg").html(msg));
                }
        }
        //判断当前是否是密码，若是，则进行密码验证
        if($(this).is("#userPwd")){
                if($(this).val().length<8){
                        msg="密码格式不正确";
                        $(this).parent().append(span.addClass("errorMsg").html(msg));
                        return false;
                }else{
                        msg="密码验证通过";
                        $(this).parent().append(span.addClass("successMsg").html(msg));
                }
        }
        //判断当前是否是密码确认，若是，则进行密码确认验证
        if($(this).is("#userPwdAgain")){
                if($(this).val()!=$("#userPwd").val()||$(this).val().length<=0){
```

```
                                msg="两次密码不一致";
                                $(this).parent().append(span.addClass("errorMsg").html(msg));
                                return false;
                        }
                        else{
                                msg="确认密码验证通过";
                                $(this).parent().append(span.addClass("successMsg").html(msg));
                        }
                }
        })
        //表单提交验证
        form.submit(function(){
                //触发表单元素失去焦点事件
                $("form input.required").trigger("blur");
                var errorMsg=$("form .errorMsg");
                //如果存在表单未验证成功，则 return false
                if(errorMsg.length){
                        return false;
                }
                alert("注册成功")
        })
        })
    </script>
  </body>
</html>
```

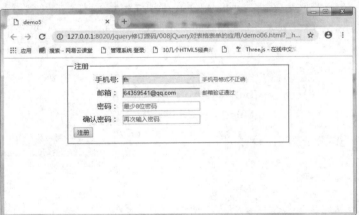

图 8-7

在上面表单验证的表单提交事件中，用到了 trigger()方法，该方法触发被选元素的指定事件类型。其语法为：

```
$(selector).trigger(event,[param1,param2,...])
```

- 参数 event 规定指定元素要触发的事件，可以使自定义事件(使用 bind()函数来附加)，或者任何标准事件。
- 参数[param1,param2,...]可选。传递到事件处理程序的额外参数，额外的参数对自定义事件特别有用。

上面案例的提交表单事件中，添加了表单元素的 blur 事件，进行表单验证，可以避免重复写验证方法。

【单元自测】

1. 利用 jQuery 为表单添加隔行变色效果，下面表示找到偶数行的方法是(　　)。
   - A. :odd
   - B. :contains
   - C. :even
   - D. animate()
2. 如果需要匹配包含文本的元素，可以实现的方法是(　　)。
   - A. text()
   - B. contains()
   - C. input()
   - D. attr()
3. 在一个表单中，如果想要给输入框添加一个输入验证，可以实现的事件是(　　)。
   - A. hover(over ,out)
   - B. keypress(fn)
   - C. focus(fn)
   - D. blur(fn)

【上机实战】

上机目标

掌握 jQuery 表格表单基本操作。

上机练习

◆　第一阶段　◆

练习：制作可以编辑的表格

【问题描述】

现需要完成一个任务，有一张表格，单击单元格，可以修改单元格内容，但是表头和每行第一列内容不能修改,只能修改表格内容成绩部分,如图 8-8 所示。

图 8-8

【参考步骤】

整个 HTML 页面代码如下:

```
<!DOCTYPE html >
<html>
    <head>
        <meta charset="UTF-8" />
        <title>上机练习 01</title>
        <style type="text/css">
            body{
                font-size: 13px;
            }
            .table    caption {
                font-size:18px;
                margin: 0 0 10px;
                font-weight: bold;
            }
            .table {
                    border-collapse: collapse;
                width: 500px;
                height: 200px;
                margin-left: 30px;
            }
            .table    td,
            .table    th {
                text-align: center;
                border: 1px solid #ddd;
```

```css
        padding: 2px 5px;
        font-size: 1.2em;
        padding: 2px;
        width: 13%;
    }

.table    th {
        background-color: #f4f4f4;
    }

    .contant {
        width: 500px;
        margin: 0 auto;
    }
    /*单元格内输入框样式*/
.table    td input {
        border: 1px solid orange;
        background: yellow;
        -webkit-border-radius: 5px;
        -moz-border-radius: 5px;
        border-radius: 5px;
        position: absolute;
        padding: 8px 0;
        text-align: center;
        width: 60px;
        margin: -17px 0 0 4px;
        font-size: 1.4em;
    }

.table    td.input {
        padding: 0;
        position: relative;
    }

.table    td.hover {
        background: #eee;
    }
    </style>
</head>

<body>
    <div class="contant">
        <table class="table">
```

```
<caption>1902 班成绩表</caption>
<thead>
    <tr>
        <th>语文</th>
        <th>英语</th>
        <th>数学</th>
        <th>历史</th>
        <th>社会科学</th>
        <th>物理</th>
        <th>Web 前端</th>
    </tr>
</thead>
<tbody>
    <tr>
        <th>Mery</th>
        <td>80</td>
        <td>90</td>
        <td>88</td>
        <td>78</td>
        <td>65</td>
        <td>91</td>
    </tr>
    <tr>
        <th >Tom</th>
        <td>60</td>
        <td>67</td>
        <td>68</td>
        <td>80</td>
        <td>82</td>
        <td>88</td>
    </tr>
    <tr>
        <th >Andrew Wu</th>
        <td>90</td>
        <td>91</td>
        <td>95</td>
        <td>85</td>
        <td>99</td>
        <td>79</td>
    </tr>
    <tr>
        <th>Kate</th>
        <td>80</td>
```

```
                <td>80</td>
                <td>90</td>
                <td>78</td>
                <td>95</td>
                <td>85</td>
            </tr>
        </tbody>
    </table>
</div>
<script type="text/javascript" src="scripts/jquery-1.12.4.js"></script>
<script type="text/javascript">
    $(function() {
        //为 td 添加单击事件
        $('table td').click(function() {
            //定义一个 input 输入框
            var iptDom=$("<input/>");
            //设置 input 框为当前表格的值
            iptDom.val($(this).text());
            //判断当前单元格内是否存在 input 类名,若不存在则表示单元格内
                没有 input 元素
            if(!$(this).is('.input')) {
                //为当前单元格添加 input 元素
                $(this).addClass('input').html(iptDom);
                //设置 input 元素获取焦点
                $(this).find("input").focus()
                //设置当 input 元素失去焦点时，移出当前 input 元素
                .blur(function() {
                    $(this).parent().removeClass('input').html($(this).val());
                });
            }
        })
        //为单元格 td 添加鼠标移入移出事件
        $('table td').hover(function() {
            $(this).addClass('hover');
        }, function() {
            $(this).removeClass('hover');
        });
    });
</script>
</body>
</html>
```

◆ 第二阶段 ◆

练习：利用 jQuery 动画制作简单幻灯片

【问题描述】

现有两个下拉列表框，需要完成下面要求，单击"选中添加到右边"按钮，则需要把左边选中的选项移到右边，单击"选中全部添加到右边"按钮，则需要把左边下拉框的所有选项移到右边，单击"选中添加到左边"按钮，则需要把右边选中的选项移到左边，单击"选中全部添加到左边"按钮，则需要把右边下拉框的所有选项移到左边，效果如图 8-9 所示。

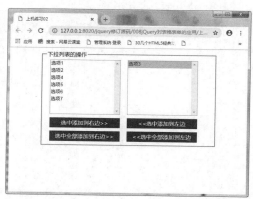

图 8-9

【参考步骤】

```
<!DOCTYPE html >
<html>
    <head>
        <meta charset="UTF-8" />
        <title>上机练习 02</title>
        <style type="text/css">
        .form{
            width: 500px;
        }
        .form .select{
            width: 200px;
            float: left;
            margin: 0 10px;
        }
        .form .select select{
```

```
            width: 200px;
            height: 160px;
        }
        .form .select select option{
            height: 20px;
        }
        .form .select span{
            display: block;
            line-height: 30px;
            text-align: center;
            background: #34495e;
            /*width: 150px;*/
            color: white;
            margin-top: 10px;
        }
        </style>
</head>
<body>
    <form method="get" action="#" class="form">
        <fieldset>
            <legend>下拉列表的操作</legend>
            <div class="select">
                <select multiple="multiple" id="select1">
                    <option value="1">选项 1</option>
                    <option value="2">选项 2</option>
                    <option value="3">选项 3</option>
                    <option value="4">选项 4</option>
                    <option value="5">选项 5</option>
                    <option value="6">选项 6</option>
                    <option value="7">选项 7</option>
                </select>
                <div>
                    <span id="add">选中添加到右边&gt;&gt; </span>
                    <span id="addAll">选中全部添加到右边&gt;&gt;</span>
                </div>
            </div>
            <div class="select" >
                <select multiple="multiple" id="select2">
                </select>
                <div>
                    <span id="reduce">&lt;&lt;选中添加到左边</span>
                    <span id="reduceAll">&lt;&lt;选中全部添加到左边</span>
                </div>
```

```html
                            </div>
                        </fieldset>
                    </form>
                    <script type="text/javascript" src="scripts/jquery-1.12.4.js"></script>
                    <script type="text/javascript">
                        $(function() {
                            //将选中添加到右边
                            $("#add").click(function(){
                                //获取左边选中的选项
                                var $options=$("#select1 option:selected");
                                //移出左边下拉选项框中选中的选项
                                $options.remove();
                                //将获取到的左边选中的选项添加到右边下拉框
                                $("#select2").append($options);
                            })
                            //选中全部添加到右边
                            $("#addAll").click(function(){
                                //获取左边所有选项
                                var $options=$("#select1 option");
                                //移出左边下拉选项框中所有选项
                                $options.remove();
                                //将获取到的左边所有选项添加到右边下拉框
                                $("#select2").append($options);
                            })
                            //选中添加到左边
                            $("#reduce").click(function(){
                                var $options=$("#select2 option:selected");
                                $options.remove();
                                $("#select1").append($options);
                            })
                            //选中全部添加到左边
                            $("#reduceAll").click(function(){
                                var $options=$("#select2 option:selected");
                                $options.remove();
                                $("#select1").append($options);
                            })
                        });
                    </script>
                </body>
            </html>
```

【拓展作业】

百里半平台现在需要做一个注册验证的功能，效果如图 8-10 所示，要求：

1. 用户输入信息不符合要求时，给出提示；

2. 当手机号未按要求输入时，验证码按钮无法单击，手机号输入正确后，单击验证码，验证按钮将变成定时器，从 60 依次递减至 0 后变回按钮状态，期间无法单击。

3. 当表单所有元素验证通过，弹出注册完成信息提示；表单所有元素验证未通过，给出表单元素未通过提示。

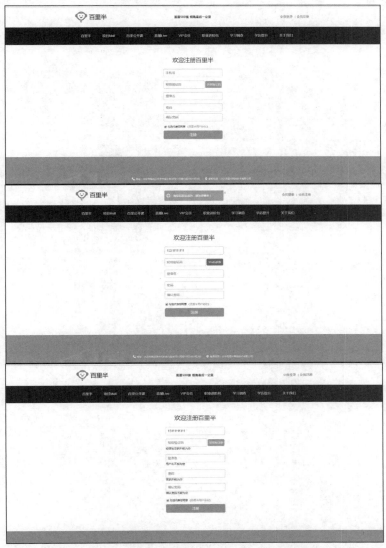

图 8-10

单元 **九**

jQuery 插件的介绍

🌐 **课程目标**

▶ 了解 jQuery 的一些常用插件

▶ 会使用 jQuery 表单验证插件

 简 介

插件也称扩展，是一种遵循一定规范的应用程序接口编写出来的程序。

jQuery 的易扩展性，吸引了全球很多开发者来编写 jQuery 的插件，使用优秀的插件，可以帮助用户节省时间，开发出稳定高质量的项目，节约项目成本。最新最全的插件可以从 jQuery 官方网站的插件板块中获取，网站地址 http://plugins.jquery.com/。

本节内容主要介绍几款常用的 jQuery 插件。

9.1 表单验证插件 Validation

jQuery Validation 插件为表单提供了强大的验证功能，让客户端表单验证变得更简单，同时提供了大量的定制选项，满足应用程序各种需求。该插件捆绑了一套有用的验证方法，包括 URL 和电子邮件验证，同时提供了一个用来编写用户自定义方法的 API。所有的捆绑方法默认使用英语作为错误信息，且已翻译成其他 37 种语言。

访问 jQuery Validation 官网，下载最新版的 jQuery Validation 插件，网站地址 https://jqueryvalidation.org/。

9.1.1 快速上手

将下载好的 Validation 的 js 放在项目中，并将 validation 插件引入项目中。

```
<!--引入 jQuery 文件-->
<script type="text/javascript" src="script/jquery-1.12.4.js"></script>
<!--引入 validate 插件-->
<script type="text/javascript" src="script/jquery.validate.js"></script>
```

需要注意的是，先引入 jQuery 文件，再引入 validation 插件，因为 validation 是在 jQuery 的基础上开发的插件。下面以一个简单登录验证为例，来简单使用 validation 验证插件，如示例 9.1 所示，主要验证登录名不能为空，长度最少为 2 位，密码不能为空，长度最少为 6 位。结果如图 9-1 所示。

示例 9.1：

```
<!DOCTYPE html>
<html>
    <head>
        <meta charset="UTF-8">
        <title>demo01</title>
        <style type="text/css">
            /*设置提示文字样式*/
            .error{
```

```
                    color: red;
                }
        </style>
    </head>
    <body>
        <form method="get" action="#" id="form">
            <div>
                <p><label for="#userName">姓名</label><input type="text" id="userName"
name="userName" /> </p>
                <p><label for="#userPwd">密码</label><input type="text" id="userPwd"
name="userPwd" /> </p>
                <p><input type="submit" value="登录" /> </p>
            </div>
        </form>
        <!--引入 jQuery 文件-->
        <script type="text/javascript" src="script/jquery-1.12.4.js"></script>
        <!--引入 validate 插件-->
        <script type="text/javascript" src="script/jquery.validate.js"></script>
        <script type="text/javascript">
            $.validator.setDefaults({
                submitHandler: function() {
                    alert("提交事件!");
                }
            });
            $().ready(function() {
                // 在键盘按下并释放及提交后验证提交表单
                $("#form").validate({
                    //设置规则
                    rules: {
                        userName: {
                            required: true,
                            minlength: 2
                        },
                        userPwd: {
                            required: true,
                            minlength: 5
                        },
                    },
                    //设置提示信息
                    messages: {
                        userName: {
                            required: "请输入用户名",
                            minlength: "用户名必须由两个字母组成"
```

```
                                        },
                                        userPwd: {
                                                required: "请输入密码",
                                                minlength: "密码长度不能少于 5 个字母"
                                        }
                                }
                        });
                });
        </script>
    </body>
</html>
```

图 9-1

在上面例子中，利用 validation 插件验证表单，其中

```
$.validator.setDefaults({
                submitHandler: function() {
                        alert("提交事件!");
                }
        });
```

主要是拦截表单提交事件，只有通过自定义提交事件后，表单才可以提交。利用 $("#form").validate()方法提交表单，其中选择器代表需要验证的表单，针对不同的字段，设置不同的验证规则，验证规则方法写在 rules 对象中，并且一个字段表示一个对象，该对象名对应表单的 name 属性。例如，在示例 9.1 中，为用户名 name 的 userName 字段添加了最小长度为 2 位的验证规则，为密码 name 的 userPwd 字段添加了最小长度为 5 位的验证规则，required 表示是否需要验证。更多默认验证规则可查看表 9-1。

```
rules: {
                userName: {
                        required: true,
                        minlength: 2
                },
                userPwd: {
```

```
            required: true,
            minlength: 5
        }
    }
```

表 9-1

规　则	描　述
required:true	必须输入的字段
remote:"check.php"	使用 AJAX 方法调用 check.php 验证输入值
email:true	必须输入正确格式的电子邮件
url:true	必须输入正确格式的网址
date:true	必须输入正确格式的日期。日期校验 IE 6.0 出错，慎用
dateISO:true	必须输入正确格式的日期(ISO)，如 2009-06-23、1998/01/22。只验证格式，不验证有效性
number:true	必须输入合法的数字(如负数、小数)
digits:true	必须输入整数
creditcard:	必须输入合法的信用卡号
equalTo:"#field"	输入值必须和#field 相同
accept:	输入拥有合法后缀名的字符串(上传文件的后缀)
maxlength:5	输入长度最多是 5 的字符串(汉字算一个字符)
minlength:10	输入长度最小是 10 的字符串(汉字算一个字符)
rangelength:[5,10]	输入长度必须介于 5 和 10 之间的字符串(汉字算一个字符)
range:[5,10]	输入值必须介于 5 和 10 之间
max:5	输入值不能大于 5
min:10	输入值不能小于 10

　　validation插件除了把校验规则写在js中,也可以把示例9.1的校验规则写在HTML控件中，如示例 9.2 所示，结果仍然如图 9-1 所示。
　　示例 9.2：

```
<!DOCTYPE html>
<html>
    <head>
        <meta charset="UTF-8">
        <title>demo02</title>
        <style type="text/css">
            /*设置提示文字样式*/
            .error{
                color: red;
            }
        </style>
    </head>
    <body>
```

```
                <form method="get" action="#" id="form">
                    <div>
                        <p><label for="#userName">姓名</label><input type="text"
id="userName" name="userName" required minlength="2"/> </p>
                        <p><label for="#userPwd">密码</label><input type="text" id="userPwd"
name="userPwd" minlength="5" required/> </p>
                        <p><input type="submit" value="登录" /> </p>
                    </div>
                </form>
                <!--引入 jQuery 文件-->
                <script type="text/javascript" src="script/jquery-1.12.4.js"></script>
                <!--引入 validate 插件-->
                <script type="text/javascript" src="script/jquery.validate.js"></script>
                <script type="text/javascript">
                    $.validator.setDefaults({
                        submitHandler: function() {
                            alert("提交事件!");
                        }
                    });
                    $().ready(function() {
                        // 在键盘按下并释放及提交后验证提交表单
                        $("#form").validate({
                            //设置提示信息
                            messages: {
                                userName: {
                                    required: "请输入用户名",
                                    minlength: "用户名必须由两个字母组成"
                                },
                                userPwd: {
                                    required: "请输入密码",
                                    minlength: "密码长度不能少于 5 个字母"
                                }
                            }
                        });
                    });
                </script>
            </body>
        </html>
```

validation 插件默认规则未提供手机号验证规则，若还想验证手机号，则可以添加验证规则方法，例如，在示例 9.3 中，需要完成一个注册验证，验证要求如下。

(1) 用户名不能为空。

(2) 手机号验证规则且不能为空。

(3) 邮箱验证规则且不能为空。

(4) 密码至少为 6 位。

(5) 确认密码必须与密码一致。

结果如图 9-2 所示。

示例 9.3：

```html
<!DOCTYPE html>
<html>
    <head>
        <meta charset="UTF-8">
        <title>demo03</title>
        <style type="text/css">
            /*设置提示文字样式*/

            .error {
                color: red;
            }
        </style>
    </head>
    <body>
        <form method="get" action="#" id="form">
            <div>
                <p><label for="#userName">用户名</label><input type="text" id="userName" name="userName" /> </p>
                <p><label for="#userphone">手机号</label><input type="text" id="userphone" name="userphone" /> </p>
                <p><label for="#userEmail">邮箱</label><input type="email" id="userEmail" name="userEmail" /> </p>
                <p><label for="#userPwd">密码</label><input type="password" id="userPwd" name="userPwd" /> </p>
                <p><label for="#userPwdAgain">确认密码</label><input type="password" id="userPwdAgain" name="userPwdAgain" /> </p>
                <p><input type="submit" value="注册" /> </p>
            </div>
        </form>
        <!--引入 jQuery 文件-->
        <script type="text/javascript" src="script/jquery-1.12.4.js"></script>
        <!--引入 validate 插件-->
        <script type="text/javascript" src="script/jquery.validate.js"></script>
        <script type="text/javascript">
            $.validator.setDefaults({
                submitHandler: function() {
                    alert("提交事件!");
```

```
        }
    });
//添加验证电话方法
$.validator.addMethod("isPhone", function(value, element) {
    var length = value.length;
    var mobile = /^(((13[0-9]{1})|(15[0-9]{1}))+\d{8})$/;
    var tel = /^\d{3,4}-?\d{7,9}$/;
    return this.optional(element) || (tel.test(value) || mobile.test(value));

}, "请正确填写您的联系电话");
$().ready(function() {
    // 在键盘按下并释放及提交后验证提交表单
    $("#form").validate({
        //设置规则
        rules: {
            userName: {
                required: true,
                minlength: 2
            },
            //添加手机号验证规则
            userphone:{
                required: true,
                isPhone:true
            },
            userEmail: {
                required: true,
                email: true
            },
            userPwd: {
                required: true,
                minlength: 6
            },
            userPwdAgain: {
                equalTo: "#userPwd",
                required: true,
                minlength: 6
            },
        },
        //设置提示信息
        messages: {
            userName: {
                required: "请输入用户名",
                minlength: "用户名必须由两个字母组成"
```

```
        },
            //设置手机未输入验证提示，由于 isPhone 方法设置了默认提
                示，这里可以再设置，也可以不设置
            userphone:{
                required: "请输入电话号码",
            },
            userEmail: {
                required: "请输入邮箱",
                email: "请输入正确邮箱格式"
            },
            userPwd: {
                required: "请输入密码",
                minlength: "密码长度至少 6 位"
            },
            userPwdAgain: {
                equalTo: "两次密码不一致",
                required: "请输入密码",
                minlength: "密码长度至少 6 位"
            }

        }
    });
});
    </script>
    </body>
</html>
```

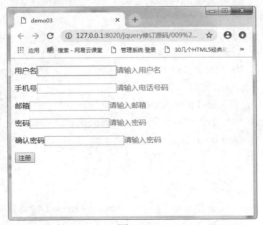

图 9-2

对于一些简单验证还可以使用 class 属性，为 class 属性加上 required。

9.1.2　国际化

在前面例子中，都添加了提示信息，实际上，validation 提供了默认提示信息。语言为英文，如需要中文版，则需要下载插件 messages_zh.js 并引入文件中。

```
<script type="text/javascript" src="script/localization/messages_zh.js"></script>
```

如示例 9.4 和图 9-3 所示的结果，可以看出引入和不引入中文提示包的区别。

示例 9.4

```html
<!DOCTYPE html>
<html>
    <head>
        <meta charset="UTF-8">
        <title>demo04</title>
        <style type="text/css">
            /*设置提示文字样式*/
            .error {
                color: red;
            }
        </style>
    </head>
    <body>
        <form method="get" action="#" id="form">
            <div>
                <p><label for="#userName">用户名</label><input type="text" id="userName"
name="userName" class="required"/> </p>
                <p><label for="#userphone">手机号</label><input type="text" id="userphone"
name="userphone" class="required"/> </p>
                <p><label for="#userEmail">邮箱</label><input type="email" id="userEmail"
name="userEmail" class="required" /> </p>
                <p><label for="#userPwd">密码</label><input type="password" id="userPwd"
name="userPwd" class="required"/> </p>
                <p><label for="#userPwdAgain">确认密码</label><input type="password"
id="userPwdAgain" name="userPwdAgain" class="required"/> </p>
                <p><input type="submit" value="注册" /> </p>
            </div>
        </form>
        <!--引入 jQuery 文件-->
        <script type="text/javascript" src="script/jquery-1.12.4.js"></script>
        <!--引入 validate 插件-->
        <script type="text/javascript" src="script/jquery.validate.js"></script>
        <!--引入中文提示包-->
        <script type="text/javascript" src="script/localization/messages_zh.js"></script>
        <script type="text/javascript">
```

```
                $.validator.setDefaults({
                    submitHandler: function() {
                        alert("提交事件!");
                    }
                });
                $().ready(function() {
                    // 在键盘按下并释放及提交后验证提交表单
                    $("#form").validate();
                });
            </script>
        </body>
    </html>
```

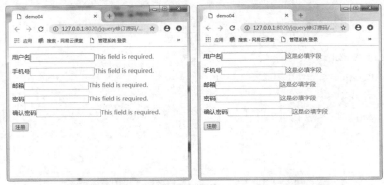

图 9-3

validation 插件也支持其他语言,具体可以查阅相关资料,做更深一步了解。

9.1.3 其他方法

处理一些稍微复杂的业务时,可能会遇到多个表单存在于同一个页面的情况,但是提交一个表单后如果不想刷新或跳转页面,那么考虑到的是用 AJAX 提交表单,利用 validation 插件可以这样做:

```
$("#form").validate({
onsubmit:true,//  是否在提交时验证
onfocusout:false,//  是否在获取焦点时验证
onkeyup :false,//  是否在敲击键盘时验证
rules: {
....
},
messages:{
....
},
submitHandler: function(form) {    //通过之后回调
```

```
        $.ajax({
        url : "",
        type : "post",
        dataType : "json",
        data: param,
        success : function(result) {
        }
        });
      },
      invalidHandler: function(form, validator) {    //不通过回调
        return false;
      }
});
```

对于有些表单只检查不跳转的，可以进行如下设置，对于调试非常方便：

```
$().ready(function() {
  $("#signupForm").validate({
        debug:true
    });
});
```

9.2　jQuery 的 UI 插件

　　jQuery UI 是建立在 jQuery 上的一组用户界面交互、特效、小部件及主题。jQuery UI 包含了许多维持状态的小部件(Widget)，因此，它与典型的 jQuery 插件使用模式略有不同。由于所有的 jQuery UI 小部件使用相同的模式，所以只要学会使用其中一个，也就会使用其他的小部件。

　　jQuery UI 官网地址为 http://jqueryui.com/，如图 9-4 所示。在右上方 Download jQuery UI 1.12.1 部分提供了下载方法，可以自定义下载，也可以快速下载。自定义下载有很多版本可以选择，可以根据需求选择合适的版本，快速下载提供了两个相对稳定版本。

　　下载完成后，需要在页面引入 jQuery UI 插件，引入方法如下：

```
<!--引入 jQuery-ui 插件 css 文件-->
    <link rel="stylesheet" href="css/jquery-ui.css" />
    <!--引入 jQuery-->
    <script type="text/javascript" src="script/jquery-1.12.4.js"></script>
    <!--引入 jQuery-ui 插件 js 文件-->
    <script type="text/javascript" src="script/jquery-ui.js"></script>
```

图 9-4

下面以 jQuery UI 插件的 Draggable 小部件，快速制作一个可以拖动元素的实例，见示例 9.5，结果如图 9-5 所示。

示例 **9.5**：

```html
<!DOCTYPE html>
<html>
    <head>
        <meta charset="UTF-8">
        <title>demo06</title>
        <!--引入 jQuery-ui 插件 css 文件-->
        <link rel="stylesheet" href="css/jquery-ui.css" />
        <style>
            #draggable {
                width: 150px;
                height: 150px;
                background: lightgoldenrodyellow;
                padding: 10px;
                cursor: pointer;
            }
        </style>
    </head>
    <body>
        <!--引入 jQuery-->
        <script type="text/javascript" src="script/jquery-1.12.4.js"></script>
        <!--引入 jQuery-ui 插件 js 文件-->
        <script type="text/javascript" src="script/jquery-ui.js"></script>
        <div id="draggable" class="ui-widget-content">
            <p>我是可以拖动的</p>
        </div>
        <script>
```

```
            $(function() {
                    //调用 draggable()方法
                    $("#draggable").draggable();
            });
        </script>
    </body>
</html>
```

图 9-5

　　jQuery UI 插件方法有很多，这里以比较实用的拖动排序为例，来进行简单介绍和讲解。详细了解可参考 jQuery UI 官网。拖动排序方法为.sortable()，将该方法添加到排序的元素上即可，在示例 9.6 中，创建了一个列表，该列表内容可以随意拖动且自动排序。结果如图 9-6 所示。

　　示例 9.6：

```
    <!doctype html>
    <html lang="en">
        <head>
            <meta charset="UTF-8">
            <title>demo06</title>
            <!--引入 jQuery-ui 插件 css 文件-->
            <link rel="stylesheet" href="css/jquery-ui.css" />
            <style>
                #mylistSort {
                    list-style-type: none;
                    margin: 0;
                    padding: 0;
                    width: 60%;
                }
                #mylistSort li {
```

```
                    width: 200px;
                    margin: 0 3px 3px 3px;
                    padding: 10px;
                    height: 18px;
                    line-height: 18px;
                }
        </style>
    </head>
    <body>
        <ul id="mylistSort">
            <li class="ui-state-default">列表 1</li>
            <li class="ui-state-default">列表 2</li>
            <li class="ui-state-default">列表 3</li>
            <li class="ui-state-default">列表 4</li>
            <li class="ui-state-default">列表 5</li>
            <li class="ui-state-default">列表 6</li>
            <li class="ui-state-default">列表 7</li>
        </ul>
        <!--引入 jQuery-->
        <script type="text/javascript" src="script/jquery-1.12.4.js"></script>
        <!--引入 jQuery-ui 插件 js 文件-->
        <script type="text/javascript" src="script/jquery-ui.js"></script>
        <script>
            $(function() {
                //让 mylistSort 下面的元素可以排序
                $("#mylistSort").sortable();
            });
        </script>
    </body>
</html>
```

图 9-6

　　这是一个列表拖动排序，如果存在多个表，可以利用 connectWith 选项连接列表，connectWith 选项传递一个选择器，把一个列表中的元素排序到另一个列表中，如示例 9.7 所示，结果如图 9-7 所示。

　　示例 9.7：

```html
<!doctype html>
<html lang="en">
    <head>
        <meta charset="UTF-8">
        <title>demo07</title>
        <!--引入 jQuery-ui 插件 css 文件-->
        <link rel="stylesheet" href="css/jquery-ui.css" />
        <style>
            .mylistSort {
                list-style-type: none;
                margin: 0 5px;
                padding: 0;
                width: 200px;
                float: left;
            }
            .mylistSort li {
                margin: 0 3px 3px 3px;
                padding: 10px;
                height: 18px;
                line-height: 18px;
            }
        </style>
    </head>
    <body>
        <ul id="mylistSort1" class="mylistSort">
            <li class="ui-state-default">列表 1</li>
            <li class="ui-state-default">列表 2</li>
            <li class="ui-state-default">列表 3</li>
            <li class="ui-state-default">列表 4</li>
            <li class="ui-state-default">列表 5</li>
            <li class="ui-state-default">列表 6</li>
            <li class="ui-state-default">列表 7</li>
        </ul>
        <ul id="mylistSort2" class="mylistSort">
            <li class="ui-state-highlight">列表 1</li>
            <li class="ui-state-highlight">列表 2</li>
            <li class="ui-state-highlight">列表 3</li>
            <li class="ui-state-highlight">列表 4</li>
```

```
                    <li class="ui-state-highlight">列表 5</li>
                    <li class="ui-state-highlight">列表 6</li>
                    <li class="ui-state-highlight">列表 7</li>
            </ul>
            <!--引入 jQuery-->
            <script type="text/javascript" src="script/jquery-1.12.4.js"></script>
            <!--引入 jQuery-ui 插件 js 文件-->
            <script type="text/javascript" src="script/jquery-ui.js"></script>
            <script>
                    $(function() {
                            //让 mylistSort 下面的元素可以排序
                            $("#mylistSort1,#mylistSort2").sortable({
                                    //连接两个列表
                                    connectWith: ".mylistSort"
                            });
                    });
            </script>
        </body>
</html>
```

图 9-7

需要注意的是，拖动排序事件可能会与其他时间冲突，如与点击事件冲突，遇到这种情况，可以给拖动排序事件添加延迟，代码如下：

```
$( "#mylistSort" ).sortable({
        delay: 300
    });
```

9.3 编写 jQuery 插件

前面已经接触了 jQuery 的两个插件，同时也了解了基本用法，插件的目的就是将一系列方法进行封装，方便多次使用，提高开发的效率。这一小节我们将介绍如何编写 jQuery 插件。

在编写 jQuery 插件前，需要了解 jQuery 插件的类型，主要分为以下 3 种。

1. 封装对象方法的插件

这种插件类型是最常见的，它将对象方法封装起来，对通过选择器获取的 jQuery 对象进行操作。

2. 封装全局函数的插件

这种插件将独立的函数加到 jQuery 命名空间之下，如解决冲突用的 jQuery.noConflict()方法，常用的有 jQuery.ajax()和 jQuery.trim()方法等。

3. 选择器插件

虽然 jQuery 的选择器十分强大，但还是会需要扩充一些自己喜欢的选择器，如用 color(red)来选择所有的红色字的元素。

为了避免与其他 JavaScript 库冲突，我们最好将 jQuery 传递给一个自我执行的封闭程序，jQuery 在此程序中映射为符号，这样可以避免$号被其他库覆写，代码如下：

```
//为了更好的兼容性，前面有个分号
;(function ($) {
//你自己的插件代码
})(jQuery);
```

该结构是 jQuery 常见的插件结构。jQuery 提供了两个用于扩展 jQuery 功能的方法，即 jQuery.fn.extend()和 jQuery.extend()。前者为 jQuery 扩展一个或多个实例属性和方法(主要用于扩展方法)，后者用于给 jQuery 对象本身添加功能。这两种方法都接收一个类型为 Object 的参数。Object 对象的"键/值"对分别代表"函数或方法名/函数主体"。另外，jQuery.extend()方法除了可以用于扩展 jQuery 对象以外，还可以用一个或多个其他对象来扩展一个对象，然后返回被扩展的对象。

下面运用面向对象的思维方式，在 jQuery 的原型上扩展方法，用 jQuery.fn.extend() 封装一个事件触发的方法，并且弹出相对应的节点内容，如示例 9.8 所示，结果如图 9-8 所示。

示例 9.8：

```
<!DOCTYPE html>
<html>
    <head>
```

```html
        <meta charset="UTF-8">
        <title>demo8</title>
    </head>
    <body>
        <div id="test" style="padding: 10px;display:inline-block;background: greenyellow;"> 点击我</div>
        <script type="text/javascript" src="script/jquery-1.12.4.js"></script>
        <script type="text/javascript">
            ;(function($, window, document,) {
                $.fn.myplugn = function(options) {
                    var defaults = { //defaults 设置的默认参数
                        Event: "click", //默认触发响应事件
                        msg: "Holle word!" //默认显示内容
                    };
                    //将传入参数和默认参数合并
                    var options = $.extend(defaults, options);
                    var $this = $(this);

                    $this.on(options.Event, function(e) {
                        //功能代码部分，绑定事件
                        var msg=$this.html()?$this.html():options.msg;
                        alert(msg);
                    });
                }
            })(jQuery, window, document);
            //调用插件
            $("#test").myplugn({
                Event: "mouseover", //触发响应事件
            });
        </script>
    </body>
</html>
```

图 9-8

213

这里对自定义编写插件进行了简单的介绍，该课程是对 jQuery 的一个初步认识，有兴趣的读者可以自己从编写一个简单的选择器插件开始尝试，例如，编写一个获取颜色为红色 color(red) 的方法，在实践过程中锻炼积累更多经验后再尝试编写更多功能丰富的插件。

【单元自测】

1. 表单验证插件调用的方法是(　　　)。
   A. $("#form").validate()
   B. $("#form").submit()
   C. $("#form").click()

2. 以下 jQuery 代码的作用是什么？

```
$.validator.setDefaults({
                submitHandler: function() {
                    alert("提交事件!");
                }
            });
```

3. jQuery 插件的类型分为哪几种？

【上机实战】

上机目标

加深对 jQuery 插件的理解。

上机练习

练习：编写一个 tab 导航栏的 jQuery 插件

【需求分析】

在现实中，tab 导航在网站中用得非常多，为了提高代码的高效性和重复使用率，现要求写一个 tab 菜单的 jQuery 插件，效果如图 9-9 所示。

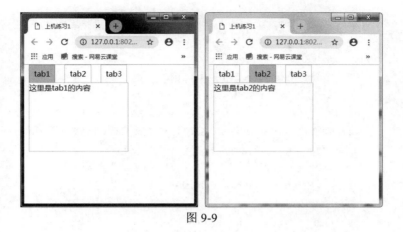

图 9-9

【参考步骤】

整个 HTML 页面代码如下。

```
<!DOCTYPE html>
<html>
    <head>
        <title>上机练习 1</title>
        <meta charset="UTF-8" />
        <style type="text/css">
            /*css 部分*/
            * {
                margin: 0;
                padding: 0;
            }
            #nav li {
                list-style: none;
                float: left;
                line-height: 30px;
                border: 1px solid rgba(0,0,0,0.2);
                border-bottom: none;
                padding: 4px 10px;
                margin: 0 10px;
                margin-bottom: 0;
            }
            #list div {
                width: 210px;
                height: 150px;
                border: 1px solid rgba(0,0,0,0.2);
                margin-left: 10px;
                clear: both;
```

```
                            display: none;
                    }
                .active {
                    background:rgba(0,0,0,0.2);
                }
        </style>
        <script src="script/jquery-1.12.4.js" type="text/javascript"></script>
        <script type="text/javascript">
            ;(function($) {
                $.fn.tab = function(options) {
                    //设置默认参数
                    var defaults = {
                        tabActiveClass: 'active',
                        tabNav: '#nav>li',
                        tabCont: '#list>div',
                        tabType: 'click'
                    };
                    //将传入参数和默认参数合并
                    var endOptions = $.extend(defaults, options);
                    //功能代码部分
                    $(this).each(function() {
                        var _this = $(this);
                        _this.find(endOptions.tabNav).on(endOptions.tabType, function() {
                            $(this).addClass(endOptions.tabActiveClass).siblings().
removeClass(endOptions.tabActiveClass);
                            var index = $(this).index();
                            _this.find(endOptions.tabCont).eq(index).show().siblings().hide();
                        });
                    });
                };
            })(jQuery);
            //调用
            $(function(){
                $('#tab').tab({
                    tabType: 'click'
                });
            })
        </script>
    </head>
    <body>
        <div id="tab">
            <ul id="nav">
                <li class="active">tab1</li>
```

```
                <li>tab2</li>
                <li>tab3</li>
            </ul>
            <div id="list">
                <div style="display: block;">这里是 tab1 的内容</div>
                <div>这里是 tab2 的内容</div>
                <div>这里是 tab3 的内容</div>
            </div>
        </div>
    </body>
</html>
```

【拓展作业】

1. 尝试自己编写插件。
2. 学习 jQuery 的其他插件。

单元

jQuery 移动端开发

课程目标

▶ 掌握 jQuery Mobile 的基本用法

▶ 能够使用 jQuery Mobile 制作简单的移动端页面

 **简 介**

jQuery Mobile 是一个用于创建移动端 Web 应用的前端框架,是针对触屏智能手机与平板电脑的网页开发框架。jQuery Mobile 构建于 jQuery 及 jQuery UI 类库之上,如果了解 jQuery,就可以很容易地学习 jQuery Mobile。jQuery Mobile 使用了极少的 HTML5、CSS3、JavaScript 和 AJAX 脚本代码来完成页面的布局渲染。

通过使用 jQuery Mobile 可以"写更少的代码,做更多的事情",它可以通过一个灵活、简单的方式来布局网页,并且兼容所有移动设备。不同设备使用了不同开发语言,jQuery Mobile 可以很好地兼容不同的设备或操作系统。

jQuery Mobile 解决了不同设备兼容的问题,因为它只使用 HTML、CSS 和 JavaScript,这是所有移动网络浏览器的标准。

10.1 jQuery Mobile 安装

在网页中添加 jQuery Mobile,可以通过以下几种方式来实现。

- 从 CDN 中加载 jQuery Mobile(推荐)。
- 从 jQuerymobile.com 下载 jQuery Mobile 库。

CDN(Content Delivery Network,内容分发网络)的基本思路是尽可能避开互联网上有可能影响数据传输速率与稳定性的瓶颈和环节,使内容传输得更快、更稳定。

使用 jQuery 内核,我们不需要在计算机上安装任何东西;仅需要在网页中加载层叠样式表(.css)和 JavaScript 库(.js)就可以使用 jQuery Mobile。

```
<head>
<!-- meta 使用 viewport 以确保页面可自由缩放 -->
<meta name="viewport" content="width=device-width, initial-scale=1">
<!-- 引入 jQuery Mobile 样式 -->
<link rel="stylesheet"
href="http://code.jquery.com/mobile/1.4.5/jquery.mobile-1.4.5.min.css">
<!-- 引入 jQuery 库 -->
<script src="http://code.jquery.com/jquery-1.11.3.min.js"></script>
<!-- 引入 jQuery Mobile 库 -->
<script src="http://code.jquery.com/mobile/1.4.5/jquery.mobile-1.4.5.min.js"></script>
</head>
```

从 jQuerymobile.com 下载 jQuery Mobile 库后,引入 jQuery Mobile 样式表、jQuery.js 库、jQuery Mobile.js 库即可。

```
<head>
<meta name="viewport" content="width=device-width, initial-scale=1">
```

```
<link rel="stylesheet" href="jquery.mobile-1.4.5.css">
<script src="jquery.js"></script>
<script src="jquery.mobile-1.4.5.js"></script>
</head>
```

10.2　jQuery Mobile 页面基本布局

jQuery Mobile 布局采用的是栅格化布局，其中页面基本布局如图 10-1 所示，代码如下。

```
<body>
<div data-role="page">
<!--头部-->
   <div data-role="header">
      <h1>欢迎来到我的主页</h1>
   </div>
<!--中间内容-->
   <div data-role="main" class="ui-content">
      <p>我现在是一个移动端开发者!!</p>
   </div>
<!--底部-->
   <div data-role="footer">
      <h1>底部文本</h1>
   </div>
</div>
</body>
```

图 10-1

- data-role="page"是在浏览器中显示的页面。
- data-role="header"是在页面顶部创建的工具条(通常用于标题或者搜索按钮)。
- data-role="main"定义了页面的内容，如文本、片、表单、按钮等。

- "ui-content"类用于在页面添加内边距和外边距。
- data-role="footer"用于创建页面底部工具条。

在这些容器中我们可以添加任何 HTML 元素，如段落、图片、标题、列表等。jQuery Mobile 的核心就是 data-x 的样式用法。

10.3 jQuery Mobile 基础控件

10.3.1 jQuery Mobile 按钮

在 jQuery Mobile 中，按钮可通过以下 3 种方式创建。

- 使用<button>元素。
- 使用<input>元素。
- 使用带有 data-role="button"的<a>元素。

```
<button>按钮</button>
<input type="button" value="按钮">
<a href="#" data-role="button">按钮</a>
```

在 jQuery Mobile 中，按钮会自动样式化，让它们在移动设备上更具吸引力和可用性。我们推荐使用带有 data-role="button"的<a>元素在页面间进行链接，使用<input>或<button>元素进行表单提交。

1. 组合按钮

jQuery Mobile 提供了一个简单的方法来将按钮组合在一起。请把 data-role="controlgroup"属性和 data-type="horizontal|vertical"一起使用来规定是否水平或垂直组合按钮：

```
<div data-role="controlgroup" data-type="horizontal">
<a href="#anylink" data-role="button">按钮 1</a>
<a href="#anylink" data-role="button">按钮 2</a>
<a href="#anylink" data-role="button">按钮 3</a>
</div>
```

2. 后退按钮

如需创建后退按钮，请使用 data-rel="back"属性(这会忽略锚的 href 值)：

```
<a href="#" data-role="button" data-rel="back">返回</a>
```

3. 按钮图标

jQuery Mobile 提供了一套让按钮看起来更称心如意的图标。我们可以使用 ui-icon

类将图标添加到按钮上，并可以使用指定类来设置按钮位置。

```
<a href="#anylink" class="ui-btn ui-icon-search ui-btn-icon-left">Search</a>
```

10.3.2　jQuery Mobile 弹窗

弹窗是一个非常流行的对话框，弹窗可以覆盖在页面上展示，可用于显示一段文本、图片、地图或其他内容。创建一个弹窗，需要使用<a>和<div>元素。在<a>元素上添加 data-rel="popup"属性，在<div>元素上添加 data-role="popup"属性。接着我们为<div>指定 id，然后设置<a>的 href 值为<div>指定的 id。<div>中的内容为弹窗显示的内容。

需要注意的是，<div>弹窗与单击的<a>链接必须在同一个页面上。

```
<a href="#myPopup" data-rel="popup" class="ui-btn ui-btn-inline ui-corner-all">显示弹窗</a>
<div data-role="popup" id="myPopup">
   <p>这是一个简单的弹窗</p>
</div>
```

如果需要为弹窗添加内边距与外边距，则可以在<div>中添加"ui-content"类：

```
<div data-role="popup" id="myPopup" class="ui-content">
```

10.3.3　jQuery Mobile 工具栏

1. 头部栏

头部栏一般包含页面标题/logo 或一两个按钮(通常是首页、选项或搜索)，我们可以添加按钮到头部的左侧或右侧。下面的代码将添加一个按钮到头部标题文本的左侧，添加一个按钮到头部标题文本的右侧：

```
<div data-role="header">
   <a href="#" class="ui-btn ui-icon-home ui-btn-icon-left">主页</a>
   <h1>欢迎访问我的主页</h1>
   <a href="#" class="ui-btn ui-icon-search ui-btn-icon-left">搜索</a>
</div>
```

下面的代码将添加一个按钮到头部标题文本的左侧：

```
<div data-role="header">
   <a href="#" class="ui-btn ui-btn-left ui-icon-home ui-btn-icon-left">主页</a>
   <h1>欢迎访问我的主页</h1>
</div>
```

但是，如果把按钮链接放置在<h1>元素之后，将无法显示右侧的文本。要添加一个按钮到头部标题的右侧，请指定 class 为 "ui-btn-right"：

```
<div data-role="header">
  <a href="#" class="ui-btn ui-btn-right ui-icon-home ui-btn-icon-left">主页</a>
  <h1>欢迎访问我的主页</h1>
</div>
```

2. 尾部栏

尾部栏比头部栏更灵活，在整个页面中它们更具功能性和可变性，因此可以包含尽可能多的按钮：

```
<div data-role="footer">
  <a href="#" class="ui-btn ui-icon-plus ui-btn-icon-left">在 Facebook 上关注我</a>
  <a href="#" class="ui-btn ui-icon-plus ui-btn-icon-left">在 Twitter 上关注我</a>
  <a href="#" class="ui-btn ui-icon-plus ui-btn-icon-left">在 Instagram 上关注我</a>
</div>
```

值得注意的是，尾部的样式与头部不同(没有内边距和空间，而且按钮不居中)。我们可以使用简单的样式来解决这个问题：

```
<div data-role="footer" style="text-align:center;">
```

还可以将尾部中的按钮进行水平或垂直组合：

```
<div data-role="footer" style="text-align:center;">
  <div data-role="controlgroup" data-type="horizontal">
    <a href="#" class="ui-btn ui-icon-plus ui-btn-icon-left">在 Facebook 上关注我</a>
    <a href="#" class="ui-btn ui-icon-plus ui-btn-icon-left">在 Twitter 上关注我</a>
    <a href="#" class="ui-btn ui-icon-plus ui-btn-icon-left">在 Instagram 上关注我</a>
  </div>
</div>
```

3. 定位头部栏和尾部栏

头部栏和尾部栏可以通过以下 3 种方式进行定位。

- Inline。默认。头部栏和尾部栏与页面内容内联。
- Fixed。头部栏和尾部栏固定在页面的顶部和底部。
- Fullscreen。与 Fixed 定位模式基本相同，头部栏和尾部栏固定在页面的顶部和底部。但是当工具栏滚动出屏幕之外时，不会自动重新显示，除非点击屏幕，这对于图片或视频类有提升代入感的应用是非常有用的。注意，这种模式下工具栏会遮住页面内容，所以最好用在比较特殊的场合。

使用 data-position 属性来定位头部栏和尾部栏。

Inline 定位(默认)：

```
<div data-role="header" data-position="inline"></div>
<div data-role="footer" data-position="inline"></div>
```

Fixed 定位：

```
<div data-role="header" data-position="fixed"></div>
<div data-role="footer" data-position="fixed"></div>
```

要启用全屏定位，请使用 data-position="fixed"并添加 data-fullscreen 属性到元素。
Fullscreen 定位：

```
<div data-role="header" data-position="fixed" data-fullscreen="true"></div>
<div data-role="footer" data-position="fixed" data-fullscreen="true"></div>
```

10.3.4　jQuery Mobile 导航栏

导航栏由一组水平排列的链接组成，通常包含在头部或尾部内。默认情况下，导航栏中的链接将自动变成按钮(不需要 data-role="button")。使用 data-role="navbar" 属性来定义导航栏：

```
<div data-role="header">
<div data-role="navbar">
<ul>
<li><a href="#anylink">首页</a></li>
<li><a href="#anylink">页面二</a></li>
<li><a href="#anylink">搜索</a></li>
</ul>
</div>
</div>
```

默认情况下，按钮的宽度与它的内容一样。使用一个无序列表来平均地划分按钮的宽度：1 个按钮占 100%宽度，2 个按钮则各占 50%的宽度，3 个按钮则每个占 33.3%的宽度，依此类推。然而，如果在导航栏中指定了超过 5 个按钮，则将会拆成多行。

1. 导航按钮图标

我们可以使用 data-icon 属性为导航按钮添加图标：

```
<a href="#anylink" data-icon="search">搜索</a>
```

data-icon 属性与在图标章节中的 CSS 类使用相同的值。CSS 类使用方法 class="ui-con-value"，data-icon 属性使用方法 data-icon="value"。

2. 激活按钮

当导航栏中的某个链接被点击时，将获得被选中(按下)的外观。如果想在不单击链接时获得这种外观，请使用 class="ui-btn-active"：

```
<li><a href="#anylink" class="ui-btn-active">首页</a></li>
```

对于多个页面，我们可能想要让每个按钮的选中外观代表当前用户所在的页面。要做到这一点，请添加"ui-state-persist"和"ui-btn-active"到链接的 class：

```
<li><a href="#anylink" class="ui-btn-active ui-state-persist">首页</a></li>
```

10.3.5 jQuery Mobile 面板

1. 创建面板

jQuery Mobile 中的面板会在屏幕的左侧向右侧滑出。通过向指定 ID 的<div>元素添加 data-role="panel"属性来创建面板。在<div>中添加 HTML 标记来显示面板内容：

```
<div data-role="panel" id="myPanel">
    <h2>面板标题..</h2>
    <p>文本内容..</p>
</div>
```

需要注意的是，panel 标记必须置于由头部、内容、底部组成的页面之前或之后。要访问面板，需要创建一个指向面板<div> ID 的链接，单击该链接即可打开面板：

```
<a href="#myPanel" class="ui-btn ui-btn-inline">打开面板</a>
```

简单的面板实例：

```
<div data-role="page" id="pageone">
  <div data-role="panel" id="myPanel">
      <h2>面板头部..</h2>
      <p>面板内容..</p>
  </div>
  <div data-role="header">
      <h1>标准页面头部</h1>
  </div>
  <div data-role="main" class="ui-content">
      <p>单击下面的按钮打开面板。</p>
      <a href="#myPanel" class="ui-btn ui-btn-inline">打开面板</a>
  </div>
  <div data-role="footer">
      <h1>底部文本</h1>
```

```
    </div>
  </div>
```

2. 关闭面板

可以通过单击面板外部区域或按 Esc 键或滑动来关闭面板。可以通过使用 data-*
属性来禁用滑动和用单击来关闭面板：data-dismissible true | false 指定面板是否可以通
过单击面板外部区域来关闭；data-swipe-close true | false 指定是否可以通过滑动来关
闭。也可以使用按钮来关闭面板，仅需要在面板的<div>中添加 data-rel= "close"属性即
可。从性能上考虑，需要先关闭链接的 href 属性指向页面的 ID。

```
<div data-role="panel" id="myPanel">
    <h2>面板头部..</h2>
    <p>面板中的一些文本内容..</p>
    <a href="#pageone" data-rel="close" class="ui-btn ui-btn-inline">关闭面板</a>
</div>
```

3. 面板展示

可以通过使用 data-display 属性来控制面板的展示方式：data-display="overlay"，在
内容上显示面板；data-display="push"，同时"推动"面板和页面。data-display= "reveal"
是默认值，将页面像幻灯片一样从屏幕滑出，将面板显示出来。

```
<div data-role="panel" id="overlayPanel" data-display="overlay">
<div data-role="panel" id="revealPanel" data-display="reveal">
<div data-role="panel" id="pushPanel" data-display="push">
```

4. 面板定位

```
<div data-role="panel" id="myPanel" data-position="right">
```

可以指定面板的内容根据页面滚动而滚动，默认情况下，面板是随着页面一起滚
动的(但是面板的内容仍然位于页面顶部)。如果需要实现面板内容固定不随页面滚动
而滚动，则可以在面板中添加 the data-position-fixed="true" 属性：

```
<div data-role="panel" id="myPanel" data-position-fixed="true">
```

10.3.6 jQuery Mobile 表格

响应式设计一般用于适配用户各种移动设备。我们只需要使用一个简单的类名，
jQuery Mobile 就能根据屏幕的尺寸自动调整页面内容。响应式表格让页面内容在移动
端和桌面设备上能够很好地适配。响应式表格有两种类型：reflow(回流)与列切换。

1. 回流表格

回流模型表格在屏幕尺寸足够大时是水平显示，而在屏幕尺寸达到足够小时，所有的数据会变成垂直显示。创建表格，在<table>元素上添加 data-role="table" 和 "ui-responsive"类：

```
<table data-role="table" class="ui-responsive">
```

对于响应式表格，必须包含<thead>和<tbody>元素，但不要使用 rowspan 或 colspan 属性，因为响应式表格中是不支持这两个属性的。

2. 列切换

列切换模型会在宽度不够时隐藏数据。列切换的表格创建方式如下：

```
<table data-role="table" data-mode="columntoggle" class="ui-responsive" id="myTable">
```

默认情况下，jQuery Mobile 会先隐藏表格右侧的列。但是，我们可以在表格头部 (<th>)通过添加 data-priority 属性指定隐藏列的顺序，data-priority 的值可以是 1(最高优先级)到 6 (最低优先级)：

```
<th>I will never be hidden</th>
<th data-priority="1">我是非常重要的列 - 我不会被隐藏</th>
<th data-priority="3">我是重要的列 - 我可能被隐藏</th>
<th data-priority="5">我是不怎么重要的列 - 我最先被隐藏</th>
```

把上面的两段代码组合起来即可创建一个列切换的表格，这样用户就可以自定义要隐藏表格的哪些列：

```
<table data-role="table" data-mode="columntoggle" class="ui-responsive" id="myTable">
  <thead>
    <tr>
      <th data-priority="6">CustomerID</th>
      <th>CustomerName</th>
      <th data-priority="1">ContactName</th>
      <th data-priority="2">Address</th>
      <th data-priority="3">City</th>
      <th data-priority="4">PostalCode</th>
      <th data-priority="5">Country</th>
    </tr>
  </thead>
  <tbody>
    <tr>
      <td>1</td>
      <td>Alfreds Futterkiste</td>
      <td>Maria Anders</td>
```

```
        <td>Obere Str. 57</td>
        <td>Berlin</td>
        <td>12209</td>
        <td>Germany</td>
      </tr>
    </tbody>
  </table>
```

10.3.7　jQuery Mobile 网格

　　jQuery Mobile 提供了一套基于 CSS 的分列布局。然而在移动设备上，由于考虑到手机的屏幕宽度狭窄，一般不建议使用分栏分列布局。但有时我们想要将较小的元素(如按钮或导航标签)并排地排列在一起，就像是在一个表格中一样。这种情况下，推荐使用分列布局。网格中的列是等宽的(合计是 100%)，没有边框、背景、margin 或 padding。这里有四种布局网格可供使用，如表 10-1 所示。

表 10-1

网格类	列	列宽	对应
ui-grid-solo	1	100%	ui-block-a
ui-grid-a	2	50% / 50%	ui-block-a|b
ui-grid-b	3	33% / 33% / 33%	ui-block-a|b|c
ui-grid-c	4	25% / 25% / 25% / 25%	ui-block-a|b|c|d
ui-grid-d	5	20% / 20% / 20% / 20% / 20%	ui-block-a|b|c|d|e

10.3.8　jQuery Mobile 可折叠块

　　可折叠块允许我们隐藏或显示内容，这对于存储部分信息很有用。如需创建一个可折叠的内容块，则需要为容器添加 data-role="collapsible"属性。在容器(div)内，添加一个标题元素(H1-H6)，后跟我们想要进行扩展的 HTML 标记：

```
<div data-role="collapsible">
<h1>点击我 - 我可以折叠!</h1>
<p>我是可折叠的内容。</p>
</div>
```

　　默认情况下，内容是被折叠起来的。如需在页面加载时展开内容，请使用 data-collapsed="false"：

```
<div data-role="collapsible" data-collapsed="false">
<h1>点击我 - 我可以折叠!</h1>
<p>I'm 现在我默认是展开的。</p>
</div>
```

1. 嵌套可折叠块

可折叠的内容块是可以彼此嵌套的：

```
<div data-role="collapsible" data-collapsed="false">
<div data-role="collapsible">
<h1>点击我 - 我可以折叠!</h1>
<p>我是被展开的内容。</p>
<div data-role="collapsible">
<h1>点击我 - 我是嵌套的可折叠块! </h1>
<p>我是嵌套的可折叠块中被展开的内容。</p>
</div>
</div>
```

2. 可折叠集合

可折叠集合是将可折叠块组合在一起(就像手风琴一样)。当一个新的块被展开时，所有其他的块都会被折叠起来。创建若干可折叠的内容块，然后把可折叠内容块用带有 data-role="collapsible-set"的新容器包围起来：

```
<div data-role="collapsible-set">
<div data-role="collapsible">
<h1>点击我 - 我可以折叠！ </h1>
<p>我是被展开的内容。</p>
</div>
<div data-role="collapsible">
<h1>点击我 - 我可以折叠!</h1>
<p>我是被展开的内容。</p>
</div>
</div>
```

10.4 jQuery Mobile 表单

jQuery Mobile 会自动为 HTML 表单添加样式，让它们看起来更具吸引力，触摸起来更具友好性。

1. 表单结构

jQuery Mobile 使用 CSS 为 HTML 表单元素添加样式，让它们更具吸引力，更易于使用。在 jQuery Mobile 中，我们可以使用下列表单控件：

- 文本输入框
- 搜索输入框

- 单选按钮
- 复选框
- 选择菜单
- 滑动条
- 翻转拨动开关

当使用 jQuery Mobile 表单时，我们应当知道：

- <form>元素必须有一个 method 和一个 action 属性；
- 每个表单元素必须有一个唯一的 id 属性。id 必须是整个站点所有页面上唯一的。
  这是因为 jQuery Mobile 的单页导航机制使得多个不同页面在同一时间被呈现；
- 每个表单元素必须有一个标签。设置 label 标签的 for 属性。

```
<form method="post" action="demoform.html">
<label for="fname">姓名:</label>
<input type="text" name="fname" id="fname">
</form>
```

如需隐藏标签，请使用 class ui-hidden-accessible。这在我们把元素的 placeholder 属性作为标签时经常用到：

```
<form method="post" action="demoform.html">
<label for="fname" class="ui-hidden-accessible">姓名:</label>
<input type="text" name="fname" id="fname" placeholder="姓名...">
</form>
```

提示：我们可以使用 data-clear-btn="true"属性来添加清除输入框内容的按钮(一个在输入框右侧的 X 图标)。

```
<label for="fname">姓名:</label>
<input type="text" name="fname" id="fname" data-clear-btn="true">
```

2. 文字容器

如需让标签和表单元素看起来更适应宽屏，请用带有"ui-field-contain"类的<div>或<fieldset>元素包围 label/form 元素：

```
<form method="post" action="demoform.php">
  <div class="ui-field-contain">
    <label for="fname">姓:</label>
    <input type="text" name="fname" id="fname">
    <label for="lname">姓:</label>
    <input type="text" name="lname" id="lname">
  </div>
</form>
```

提示：为了防止 jQuery Mobile 为可点击元素自动添加样式，请使用 data-role="none"属性。

```
<div class="ui-field-contain">
  <label for="fname">姓:</label>
  <input type="text" name="fname" id="fname">
  <label for="lname">姓:</label>
  <input type="text" name="lname" id="lname">
</div>
</form>
```

10.5　jQuery Mobile 事件

事件等于所有不同访问者访问页面的响应动作。在 jQuery Mobile 中，我们可以使用任何标准的 jQuery 事件。除此之外，jQuery Mobile 也提供了针对移动端浏览器的事件：触摸事件——当用户触摸屏幕时触发；滑动事件——当用户上下滑动时触发；定位事件——当设备水平或垂直翻转时触发；页面事件——当页面显示、隐藏、创建、加载或未加载时触发。

在学习 jQuery 时，我们学到了用$(document).ready()来使 jQuery 代码脚本在 DOM 元素加载完成后才开始执行：

```
<script>
$(document).ready(function(){
    // 编写 jQuery 方法...
});
</script>
```

但是，在 jQuery Mobile 中，使用 pageinit 事件来设置代码脚本在 DOM 元素加载完成后开始执行，所以要在任何新页面加载并创建时执行脚本，都需要绑定 pageinit 事件。第二个参数("#pageone")为指定事件的页面 ID。

```
<script>
$(document).on("pagecreate","#pageone",function(){
    // jQuery 事件...
});
</script>
```

具体事件请查阅 jquerymobile 官方 API。

【单元小结】

- jQuery Mobile 是用于创建移动 Web 应用的前端开发框架。

- jQuery Mobile 可以应用于智能手机与平板电脑。
- jQuery Mobile 使用 HTML5 & CSS3 最小的脚本来布局网页。
- jQuery Mobile 是为事件处理除了基础事件外，还有针对移动设备的。

【单元自测】

1. 运用 jQuery Mobile 需要引用哪些样式文件和 js 文件？
2. 简述 jQuery Mobile 的 4 种布局网格。

【上机实战】

上机目标

- 掌握 jQuery Mobile 样式。
- 掌握 jQuery Mobile 事件。

上机练习

◆ 第一阶段 ◆

练习：文档就绪函数

【问题描述】

完成静态样式，并使用 jQuery Mobile 可折叠模块完成右侧侧滑菜单，如图 10-2 所示。

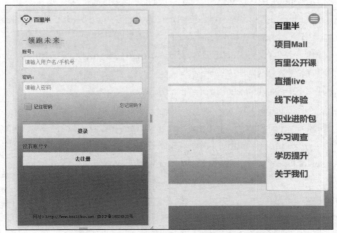

图 10-2

【参考步骤】

(1) 把 jQuery Mobile 文件引入页面中，代码如下。

```
<!--引入 jquery mobie css-->
<link rel="stylesheet" href="scripts/jquery.mobile-1.4.5/jquery.mobile-1.4.5.css" />
<!--自定义 css-->
<link rel="stylesheet" href="css/login.css" />
<!--引入 jQuery-->
<script type="text/javascript" src="scripts/jquery-1.12.4.js"></script>
<!--引入 jquery mobie js-->
<script type="text/javascript" src="scripts/jquery.mobile-1.4.5/jquery.mobile-1.4.5.js"></script>
```

(2) 为按钮添加事件的处理程序，代码如下。

```
<script type="text/javascript">
$(document).ready(function()
{
    $("#submit").bind("click", function() {
....
}
});
</script>
```

(3) 整个 HTML 页面代码如下。

```
<!DOCTYPE html>
<html>
    <head>
        <meta charset="UTF-8">
        <title>百里半登录</title>
        <!-- meta 使用 viewport 以确保页面可自由缩放  -->
        <meta name="viewport" content="width=device-width, initial-scale=1">
        <!--引入 jquery mobie css-->
        <link rel="stylesheet" href="scripts/jquery.mobile-1.4.5/jquery.mobile-1.4.5.css" />
        <!--自定义 css-->
        <link rel="stylesheet" href="css/login.css" />
        <!--引入 jQuery-->
        <script type="text/javascript" src="scripts/jquery-1.12.4.js"></script>
        <!--引入 jquery mobie js-->
        <script type="text/javascript" src="scripts/jquery.mobile-1.4.5/jquery.mobile-1.4.5.js">
</script>
    </head>
    <body>
        <div data-role="page" class="page">
```

```html
<div data-role="header" class="header">
    <img src="image/Logo1.png" style="height: 60px;" />
    <!--<img src="../static/image/Logo2.png" height="60"/>-->
    <div data-role="collapsible" class="headerRight">
    <h1 class="ui-btn ui-corner-all ui-icon-bars ui-btn-icon-notext bartitle" ></h1>
    <p><a href="#"> 百里半</a></p>
    <p><a href="#">项目 Mall</a></p>
    <p><a href="#">百里公开课</a></p>
    <p><a href="#">直播 live</a></p>
    <p><a href="#">线下体验</a></p>
    <p><a href="#">职业进阶包</a></p>
    <p><a href="#">学习调查</a></p>
    <p><a href="#">学历提升</a></p>
    <p><a href="#">关于我们</a></p>
    </div>
</div>
<div data-role="main" class="ui-content">
    <form method="get" action="#" id="loginform">
        <p class="logintitle">-领跑未来-</p>
    <div class="ui-field-contain" data-role="fieldcontain">
    <label for="username">账号：</label>
    <input type="text" name="username" id="username" placeholder="请输入
                            用户名/手机号">
    <br />
     <label for="password">密码：</label>
    <input type="password" name="password" id="password" placeholder
                                        ="请输入密码">
    <p style="height: 44px;" class="warm">
        <span style="display: inline-block;float: left;">
        <input type="checkbox" name="checkbox-1" id="checkbox-1" class="custom" />
        <label for="checkbox-1" >记住密码</label>
        </span>
        <a href="#" >忘记密码？</a>
    </p>
    </div>
    <a type="submit" data-role="submit" id="submit" data-inline="false" class="
            ui-btn ui-btn-a|a" >登录</a>
        <p>没有账号？<a type="button"    data-transition="slide" class="ui-btn
                        ui-btn-a|a">去注册</a></p>
    </form>
</div>
<div data-role="footer" class="footer">
    <span>网址：http://www.bailiban.net</span> <span>京 ICP 备 18026820 号
```

```
</span>
          </div>
        </div>
        <script type="text/javascript" src="scripts/login.js"></script>
      </body>
    </html>
```

◆ 第二阶段 ◆

练习：调用网络接口模拟登录操作

【问题描述】

模拟登录操作，将用户名和密码文本框的值作为参数，调用 $.ajax 和 json 文件里的数据进行比对来模拟登录操作。

【参考步骤】

```
var name = $("#username").val();
var passwd = $("#password").val();
  $.ajax({
      type: "get",
      url: "check.json",
      data: $("form#loginform").serialize(),
      success: function(msg) {
      if(msg.message != "true") {
          alert("请求失败！");
          return false;
      }
      for(var i = 0; i < msg.userdata.length; i++) {
      if(name == msg.userdata[i].username && passwd == msg.userdata[i]. password) {
          alert("恭喜，登录成功！")
      }
    if(name == msg.userdata[i].username && passwd != msg. userdata[i]. password) {
        alert("密码错误");
    }
      if(name != msg.userdata[i].username){//wangwu /zhaoliu
          if(i==msg.userdata.length-1){
              alert("账号不存在");
          }
      }
```

```
        }
        }
    });
```

【拓展作业】

　　使用 jQuery Mobile 技术，根据官方 API，实现一个触摸事件和一个滚屏事件。